英特尔 FPGA 中国创新中心系列丛书

计算机视觉技术

李红蕾　胡云冰　王　翊　田　亮　华成丽
尹　宽　童　亮　赵瑞华　柴广龙　方　旭　｜编著

電子工業出版社
Publishing House of Electronics Industry
北京・BEIJING

内 容 简 介

本书旨在建立计算机视觉技术的基础知识体系，为读者进入人工智能视觉领域奠定基础。全书共 9 章，从计算机视觉概述、开发工具的使用等基础知识点出发，向与具体任务相结合的技术知识点（包括图像运算、图像增强、图像去噪、图像分割、视频处理、人脸识别、目标检测等）延伸，由浅入深，层层递进，为读者呈现丰富的技术实践场景。

本书采用任务驱动的编写方式，配套相应的案例分析、实验过程及源代码，在为读者提供生动的视觉技术体验场景的同时，帮助读者提升项目开发及工程实践能力。

本书适合作为中职、高职高专及应用型本科人工智能通识课的教材，也可作为人工智能的普及读物供广大读者自学或参考。

图书在版编目（CIP）数据

计算机视觉技术 / 李红蕾等编著. —北京：电子工业出版社，2021.5
（英特尔 FPGA 中国创新中心系列丛书）

ISBN 978-7-121-41179-3

Ⅰ. ①计… Ⅱ. ①李… Ⅲ. ①计算机视觉 Ⅳ. ①TP302.7

中国版本图书馆 CIP 数据核字（2021）第 093794 号

责任编辑：刘志红（lzhmails@phei.com.cn）　　特约编辑：黄园园
印　　刷：三河市鑫金马印装有限公司
装　　订：三河市鑫金马印装有限公司
出版发行：电子工业出版社
　　　　　北京市海淀区万寿路 173 信箱　邮编　100036
开　　本：787×980　1/16　印张：14.5　字数：290.9 千字
版　　次：2021 年 5 月第 1 版
印　　次：2024 年 2 月第 5 次印刷
定　　价：59.80 元

凡所购买电子工业出版社图书有缺损问题，请向购买书店调换。若书店售缺，请与本社发行部联系，联系及邮购电话：（010）88254888，88258888。

质量投诉请发邮件至 zlts@phei.com.cn，盗版侵权举报请发邮件至 dbqq@phei.com.cn。

本书咨询联系方式：（010）88254479，lzhmails@phei.com.cn。

前言

人工智能是目前迅速发展的新兴学科，已经成为众多智能产品的核心技术。教育部在《高等学校人工智能创新行动计划》中明确指出要将人工智能纳入大学计算机基础教学内容。计算机视觉作为人工智能体的“眼睛”，赋予了智能体“看”的能力，是人工智能最重要的核心技术之一，是人工智能基础教学的重要内容。目前计算机视觉相关课程已经成为许多高等院校的基础课程，很多高职与专科院校也开设了人工智能相关专业，培养高技能人才，对计算机视觉相关课程的重视程度日益提升。然而，目前适合高职院校教学的计算机视觉相关教材十分缺乏，开发面向高职学生的计算机视觉技术基础教材具有重要意义。

基于对目标读者的学习特点，本书选择了任务驱动的编写方式，将理论知识与开发方法和任务案例相结合，使读者在完成任务过程中，快速理解技术原理、拓宽知识面、启发思路，为后续进阶学习奠定基础。

本书共 9 章，每章都有独立的知识点，通过知识点与有趣的任务相组合，激发读者的学习兴趣，提升读者的学习积极性。知识点的安排采用由浅入深的方式，从计算机视觉概述、开发工具的使用等基础知识点出发，向与具体任务相结合的技术知识点延伸。其中技术知识点涉及图像运算、图像增强、图像去噪、图像分割、视频处理、人脸识别、目标检测等。

本书注重计算机视觉技术与实际应用的结合，同时关注读者学习的心理状态，知识点解耦度高，可实现知识点的按需抽取。同时，任务案例的选择实用度高，在提升读者学习兴趣的同时，提高读者的创新能力及用专业知识解决实际问题的能力。

本书的编写特色如下。

（1）语言简明，可读性好。

（2）知识点与任务相结合，培养读者的创新能力和实际应用能力。

（3）拓展内容丰富，扩宽读者眼界。

（4）知识点编排合理，方便按需学习。

（5）每章提炼了任务背景、学习重点和任务单，引导读者有针对性地阅读和学习。

本书教学学时数一般建议为 48～64 学时。对于人工智能、计算机等专业，后续实践部分可以安排总学时的一半及其以上。除了前两章的概述和环境配置部分，本书的其他章节内容相对独立，教师可以根据课程需要灵活调整教学顺序。

本书由从事人工智能研究的教育工作人员和企业开发人员共同编写。非常感谢重庆电子工程职业学院的胡云冰老师和重庆大学的王翊老师在编写过程中的辛勤付出。英特尔 FPGA 中国创新中心为实验案例开发提供了参考样例，并安排了田亮、柴广龙、万毅、杨振宇等工程师提供技术支持和部署验证，为教材及课程资源建设提供了大力支持，在此表示真诚的感谢！最后，感谢电子工业出版社给予的协助和支持。

本书还参考了国内外一些机器学习方面的书籍及大量的网上资料，力求有所突破和创新。然而，教材建设是一项系统工程，需要在实践中不断加以完善及改进，由于编著者水平有限，书中难免存在欠妥之处，因此，由衷希望广大读者和专家学者能够拨冗提出宝贵的改进意见。

编著者

2021 年 4 月

CONTENTS

目录

第 1 章

计算机视觉概述

任务背景

长久以来，人类都在研究如何使机器能够“看见”，即具备图像处理、图像构建、图像理解等能力。通过对人类视觉系统的研究，科学家在很早以前就发现了眼睛“看见”的原理，随后照相机、摄像机、具有目标识别能力的机器人、能够理解图像含义的搜索器等视觉系统陆续出现在人们的生活中。那么，人类视觉到底有哪些奥秘呢？到底什么是计算机视觉呢？机器是如何处理图像的？这一系列问题将在本章中找到答案。

学习重点

- 计算机视觉。
- 图像的表示。
- 图像处理过程。

任务单

1.1 学习什么是计算机视觉。

1.2 学习什么是图像处理。

1.3 了解图像处理的框架和库。

1.1 什么是计算机视觉

计算机视觉之于机器相当于眼睛之于人类。计算机视觉是人工智能感知层的最重要的核心技术之一。在学习什么是计算机视觉之前，需要先了解它的起源——人类视觉。

1.1.1 人类视觉

人类视觉系统主要由视觉器官和大脑视觉皮层组成，是人类进行环境感知的主要方式之一。人类的视觉器官指的是眼睛，主要由角膜、虹膜、晶状体、视网膜组成。当人类观察一个物体（如蜡烛等）时，光线进入人眼，穿过晶状体后在视网膜上成像，分布于视网膜上的视觉细胞将光转换成电脉冲，传递给大脑视觉皮层进行解码产生图像。人类视觉系统成像的原理如图 1.1 所示。

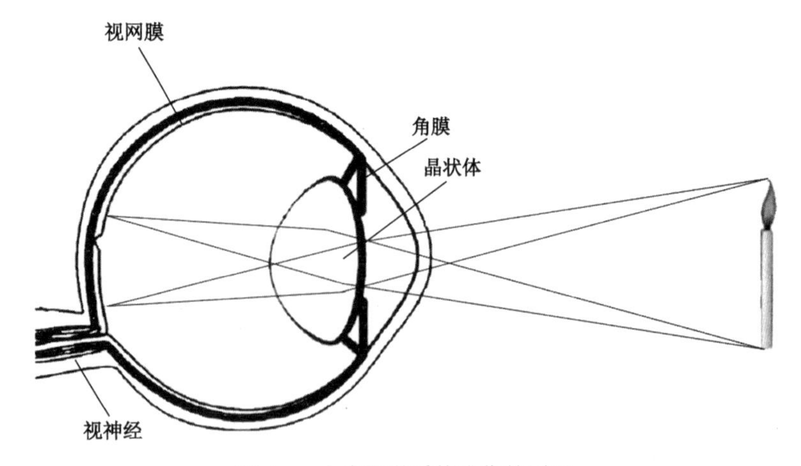

图 1.1 人类视觉系统成像的原理

人类视觉系统具有视觉关注、色彩敏感度、亮度及对比敏感度、视觉掩盖、视觉内在推导机制等特性。这些特性中的部分会成为本书后续案例中参数选择的依据。

1. 视觉关注

在纷繁复杂的外界场景中，人类视觉总能快速定位自己感兴趣的目标，而忽略不重要的区域，这种主动选择的特性被称为视觉关注机制。

视觉关注机制让人类能够对重要的目标区域进行细致的分析，对次重要区域进行粗略分析，过滤掉非重要区域的信息干扰，是实现视觉内容筛选、目标检测的重要特性。

视觉关注机制的实现主要有两种模式：自底向上模式和自顶向下模式。自底向上模式是由图像客观内容驱动的，主要跟图像内容的显著性相关。这种模式在心理学研究中也得到了证实，研究发现，那些与周围区域具有较大差异性的目标容易吸引观察者的视觉关注。自顶向下模式则主要由主观命令指导，受到人类意识支配，在人类意识指令下强行转移注意力到某一特定区域。

在计算机视觉领域，基于人类视觉关注机制提出的注意力机制是解决信息超载问题的主要手段，即将计算资源分配给更重要的任务。

2. 色彩敏感度

人类视觉系统并不是对每种颜色都同样敏感。视网膜上有一类锥状细胞，根据它们对光波波长的敏感性，可划分为长、中和短 3 类，分别对红光（波段为 564 ~ 580nm）、绿光（波段为 534 ~ 545nm）和蓝光（波段为 420 ~ 440nm）感应敏锐。而这些细胞的占比并不均匀，在正常的光线水平下，人的视觉系统对绿光的敏感度最高，红光次之，蓝光的敏感度最低。将同等强度的红、绿、蓝 3 种颜色放在人类眼前，绿色区域往往看起来更亮，而蓝色区域会相对较暗。

色彩敏感度特效在计算机视觉领域的应用很普遍，如在 RGB 彩色图转灰度图的处理过程中，为了让最终的灰度图整体看起来和谐，在处理转换权重的时候，往往会调高绿色通道的权重，调低蓝色通道的权重。根据实验和理论推导得出的参考权重为：R-0.299、G-0.587、B-0.114。

3. 亮度及对比敏感度

人眼对光强度具有某种自适应的调节功能，即能通过调节感光灵敏度来适应范围很广的亮度，同时这也导致了对绝对亮度的判断能力较差。如果目标与背景之间的亮度差较小，人眼通常无法分辨，会认为亮度是一致的。

人眼对亮度的弱敏感性也导致人眼对于物体边缘区域具有更高的关注度，从而通过边缘信息获取目标物体的形状和位置等信息。由于人眼视觉系统具有鲁棒性，也同样无法分辨一定程度以内的边缘模糊，这种对边缘模糊的分辨能力则称为对比敏感度。

4. 视觉掩盖

视觉信息间的相互作用或相互干扰将引起视觉掩盖效应。常见的视觉掩盖效应有以下 3 种。

（1）对比度掩盖，人眼对亮度变化大的边缘轮廓敏感，而对边缘的量度误差不敏感。

（2）纹理掩盖，人眼对图像纹理区域较大的亮度和方向变化不敏感。

（3）运动掩盖，对于具有时序属性的视频，人眼对相邻帧间内容的剧烈变动（如目标快速运动或场景切换）的分辨率下降。

视觉掩盖效应使人眼能够毫无察觉地过滤掉一定阈值以下的信息，这一特性在实际图像处理中具有重要的指导意义，可以帮助我们区分出哪些信号是视觉系统能察觉、感兴趣的，哪些信号是视觉系统无法察觉、可忽略的。选择性地处理人眼能够察觉的信息可以大大减少图像处理的复杂度，且在一定条件下能改善图像的显示质量。

5. 视觉内在推导机制

人类视觉系统并非简单地处理进入人眼的视觉信号，其底层还存在一套内在的推导机制，对输入的信号进行更深入地解读。人类视觉系统会根据大脑中的记忆信息，来推导、预测输入的视觉内容，同时选择性地丢掉那些无法理解的不确定的信息。

1.1.2 计算机视觉

计算机视觉是一门研究如何使机器“看”的科学，其目标是实现对图像的理解。更具体地说，就是指用摄影机和计算机代替人眼对目标进行识别、跟踪和测量等视觉任务。计算机视觉的输入是图像，输出是场景知识，如图像中的物体类别、物体数量、物体运动等。根据场景知识的不同，计算机视觉可以划分为图像识别、图像跟踪和图像理解。

1. 图像识别

图像识别是一种利用计算机识别图像中各种不同模式的目标和对象的技术。在机器学习领域，图像识别的主要任务是图像分类问题，即对于一个给定的图像，预测它属于的哪个分类标签。

对人类而言，识别物体是一件非常容易的事情，但对于机器而言，读取到的图片实际上是一堆无意义的数据。要从杂乱无章的数据中提取对象的共同特征本身就是一项困难的任务，加之采集中存在姿态、视角、光照、遮挡、背景干扰等影响，导致识别任务更加艰巨。机器的视觉识别能力离人类的识别水平还有一段不小的距离。

2. 图像跟踪

图像跟踪是指通过图像识别、红外、超声波等方式对用摄像头拍摄到的物体进行定位和追踪。

在计算机视觉层面，图像跟踪可以细分为目标检测和目标跟踪。目标检测在图像识别的基础上更进一步，可在给定的图像或视频帧中，找出所有目标的位置，并标注出具体类别。目标跟踪在目标检测的基础上又更进一步，可在已知初始帧中目标的大小与位置信息的前提下，预测后续帧中该目标的大小与位置。

跟踪运动目标是一项极具挑战的任务。对于运动目标而言，其运动的场景可能非常复杂多变，同时目标本身的不断变化也会影响到跟踪效果，如遮挡、形变、背景斑杂、尺度变化等。近年来深度学习的发展使目标跟踪技术获得了突破性的进展，但离精确跟踪还有一段距离。尽管如此，目标跟踪技术已经成功应用于无人机侦查、无人车配送等场景。

3. 图像理解

图像理解主要指对图像语义的理解，是在简单识别的基础上进一步提取深层含义的技术。对同一张图片，图像识别能识别出属于分类集合内的目标，而图像理解能识别出更多的信息，如图像中有什么目标、目标之间有什么关系、图像处于什么场景，以及如何应用场景等。

计算机视觉使用的主要技术有图像处理、模式识别和机器学习等。图像处理技术主要集中于计算机视觉的前期工作，如使用边缘检测图像处理技术创建图像描述符，进而将其输入给机器学习算法进行模型训练，用于识别等任务。

1.1.3 计算机视觉的应用

计算机视觉技术广泛应用于工业、医疗、交通、电商等领域，是各种智能系统中的重要组成部分。

计算机视觉在工业领域被称为机器视觉，信息被提取出来用于辅助工业制造，如产品缺陷检测、工业机器人姿态控制、利用立体视觉来获得工件和机器人之间的相对位置姿态等。

医疗是计算机视觉最突出的应用领域之一。医学图像处理系统从图像中提取出的经验信息在辅助医疗诊断方面发挥了积极作用，如从 CT 扫描、X 射线图像中分析器官癌变概率等。计算机视觉在医疗诊断方面的应用还包括图像增强、去噪等，如对超声波图像或 X 射线图像进行处理，以降低图像噪声的影响，提高诊断效率。

计算机视觉在交通领域的应用主要集中在车辆检测与感知、车辆识别、交通感知、辅助驾驶等方面。特别是在无人驾驶领域，因其巨大的市场前景，无人驾驶已成为计算机视觉应用的前沿。计算机视觉技术使无人驾驶汽车能够感知并理解周围的环境，是汽车控制系统下发行驶指令的重要判断依据。

计算机视觉是推动电商智能化的核心技术，广泛应用于商品发现、搭配推荐、媒体运营、交易支付等环节。图像识别技术使用户可以方便地根据意向图片检索相似的商品；服饰类电商推出的智能搭配服务在商品推荐方面大放异彩，所依赖的技术主要是基于风格学习和大数据分析的图像生成技术；媒体运营中出现的海量营销宣传图片可能并非出自人类设计师之手，而是由基于复杂图像生成算法的智能海报设计师完成；交易环节普遍使用的指纹支付、人脸识别支付等都是近年来发展非常成熟的计算机视觉技术。计算机视觉在电商领域的应用大大提升了客户的购物体验，成为电商产业获客、营销、交易的重要依赖技术。

1.2 什么是图像处理

图像处理是计算机视觉的一个子集。图像处理一般指数字图像处理。图像处理的主要内容包括图像压缩，增强和复原，匹配、描述和识别 3 个部分。常见的处理有图像数字化、图像编码、图像增强、图像复原、图像分割和图像分析等。在学习和实践后续任务之前，需要先对处理的对象，即图像有基本的了解。

1.2.1 图像的表示

人类视觉系统通过视觉细胞采集和处理图像信息，是一种化学过程。计算机视觉处理的图像经过数字摄像机、扫描仪等设备的采样后，需要以某种数字化方式进行表示才能进行后续的处理。那么图像在计算机中是如何表示的呢?

在计算机中，通常将图像表示为栅格状排列的像素点矩阵，100×100 的点矩阵用于表示100×100 尺寸的图像，维数为(100,100,4)的多维数组用于表示尺寸为 100×100，通道数为 4 的图像。数组中的元素对应图像相同位置的像素点，元素的值对应图像像素的强度值。点矩阵与图像的对应关系示意图如图 1.2 所示。

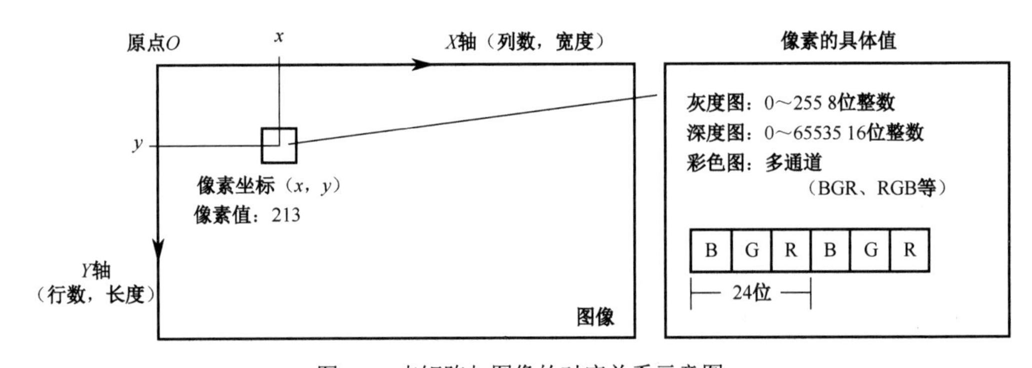

图 1.2 点矩阵与图像的对应关系示意图

像素强度值和通道是数字图像的两个重要概念。像素强度值是图像被数字化时由计算机赋予的亮度值，普通图像通常使用 8 位来表示 1 个像素，取值范围为 0～255，高档扫描仪采集的深度图使用更多的位数来表示，如 12 位或 16 位。

通道是图像具有色彩的基础，一幅彩色图像通常有多个通道，这些通道组合形成丰富的色彩表现。图像通道主要有 3 种类型：颜色通道、Alpha（透明度）通道、专色通道。典型的 4 通道图像的组合为：红色通道、绿色通道、蓝色通道、Alpha 通道。

根据图像强度值和通道数的区别，数字图像可分为二值图像、灰度图像、彩色图像等类别。

1. 二值图像

二值图像是指像素值只有 0 和 1 两种取值的图像，“0”代表黑，“1”代表白，使用 1bit 即可表示，在实际处理过程中，占用更少的存储空间，获得更高效的处理速度。二值图像存储形式如图 1.3 所示。

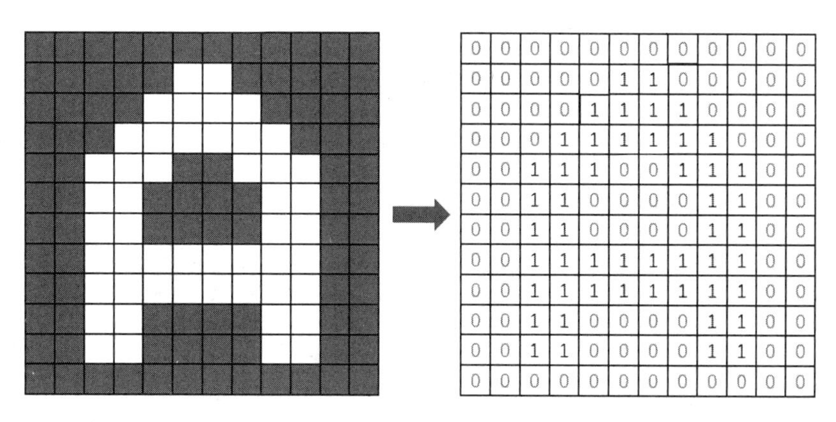

图 1.3　二值图像存储形式

2. 灰度图像

灰度图像又称灰阶图，是用灰度表示的图像。灰度是一种像素强度分级机制，将白色与黑色之间按对数关系分为多个等级，通常使用 8 位表示，取值范围为 0～256。灰度图像与二值图像不同，二值图像的每个像素使用 1bit 表示，灰度图像使用 8bit 表示；二值图像只有黑色与白色两种颜色，灰度图像在黑色与白色之间还有许多不同等级的中间色。灰度图像示例如图 1.4 所示。

3. 彩色图像

彩色图像通常由多个叠加的彩色通道组成，每个通道代表给定颜色分量的强度值。典型的 3 通道彩色图像由红色、绿色、蓝色叠加而成。RGB 彩色图像的通道分解示意图如图 1.5 所示。图中左边是一张自然染色的图像，右边分别显示的是红色（R）、绿色（G）和蓝色（B）3 个颜色分量的通道。

图 1.4　灰度图像示例

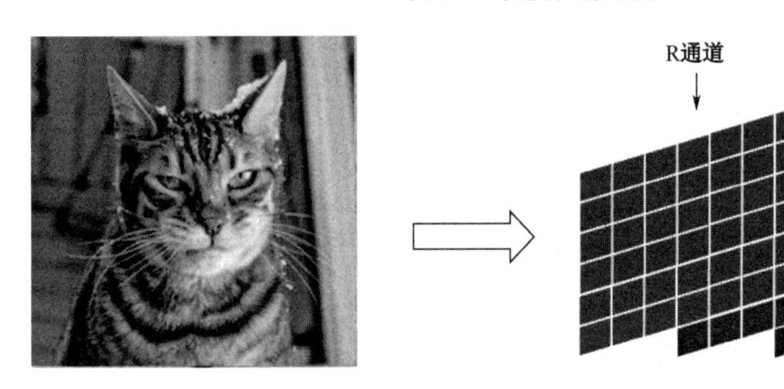

图 1.5　RGB 彩色图像的通道分解示意图

1.2.2　色彩模型

相较于二值图像或灰度图像，彩色图像是人类最常见的一类图像形式。对于人类视觉系统而言，所有接收到的图像都是有色彩的，而色彩模型解决了如何描述颜色的问题。色彩模型是描述如何使用一组值表示颜色的方法的抽象数学模型。目前经常用到的色彩模型有 RGB、HSV、CMYK、Lab 等。而 OpenCV（基于开源的跨平台计算机视觉和机器学习软件库）支持的多通道色彩模型主要有 RGB、HSV 等。

1. 基于发光屏幕的 RGB

RGB 是基于颜色发光的原理来设计的，如图 1.6 所示。通俗地理解，可以将 3 种基色想象成 3 盏分别发出红光、绿光和蓝光的电灯，当它们的光相互叠加的时候，不仅颜色相混合，亮度也叠加为三者亮度之和，叠加程度越高，亮度也越高，最后叠加程度最高的中心区域变为亮度最高的白色。RGB 的这种混合方式又被称为加法混合，即越叠加越明亮。

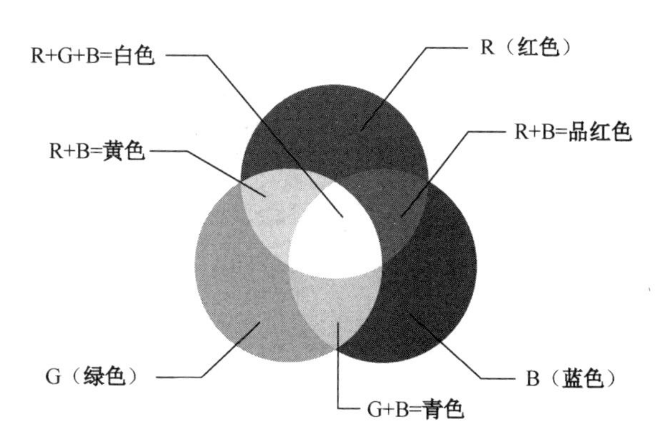

图 1.6　RGB 色彩混合原理

RGB 模式的红、绿、蓝 3 个颜色通道亮度值各分为 256 阶，取值为 0 时"灯"是关掉的，光线最弱，取值为 255 时"灯"最亮。当 3 色亮度数值相同时，产生不同亮度值的色调，即 3 色亮度都为 0 时，是最暗的黑色调；3 色亮度都为 255 时，是最亮的白色调。

RGB 图像的每个像素都可以使用红色、绿色和蓝色 3 个强度分量表示，分别用大写字母 R、G、B 表示，如表示为(255,0,0)的像素点，其含义是该像素点的 R 通道取值为 255、G 通道取值为 0、B 通道取值为 0。

一般情况下，RGB 模式图像强度分量的表示顺序是 R→G→B，但在某些编程环境中，顺序可能不太一样，如 OpenCV 中 RGB 图像的通道顺序是 B→G→R，即第 1 个分量保存的是 B 通道信息，第 2 个分量保存的是 G 通道信息，第 3 个分量保存的是 R 通道信息，也被称为 BGR 模式，这点请读者重点关注。OpenCV 中 BGR 图像数据表示如图 1.7 所示。

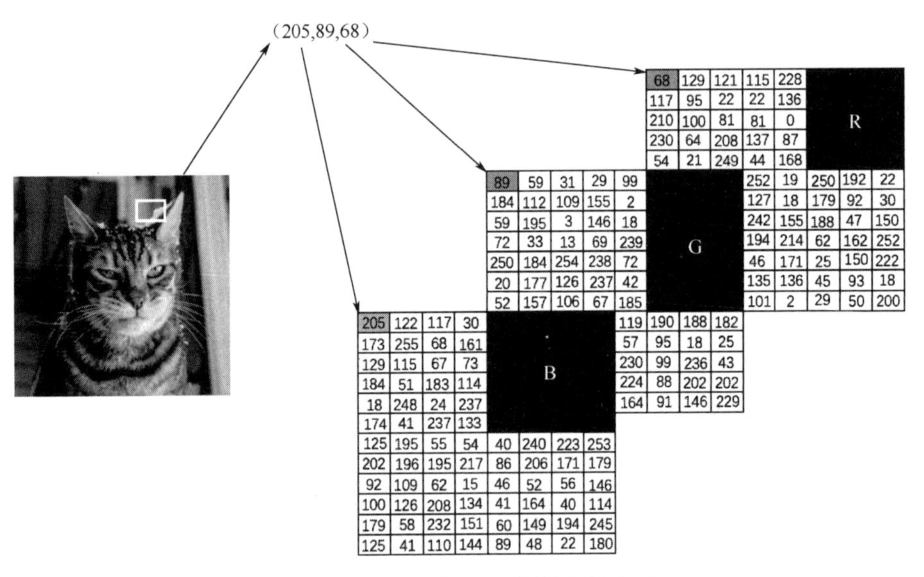

图 1.7　OpenCV 中 BGR 图像数据表示

2. 基于直观感受的 HSV

另一个在图像处理中常用的颜色模式是 HSV。它是基于人类对色彩的感知经验设计的颜色模型，能够更加直观地表达颜色的色调、鲜艳程度和明暗程度，方便进行颜色的对比。

HSV 像素点同样由 3 个分量表示，但含义与 RGB 不同，H（Hue）分量表示色相，S（Saturation）分量表示饱和度，V（Value）分量表示明度。HSV 模型通常以圆柱体的形式来展示，如图 1.8 所示。图中将圆柱体的横截面展示为一个坐标系，将 H 分量表示为极坐标的极角，将 S 分量表示为极坐标的极轴长度，将 V 分量表示为圆柱中轴的高度。

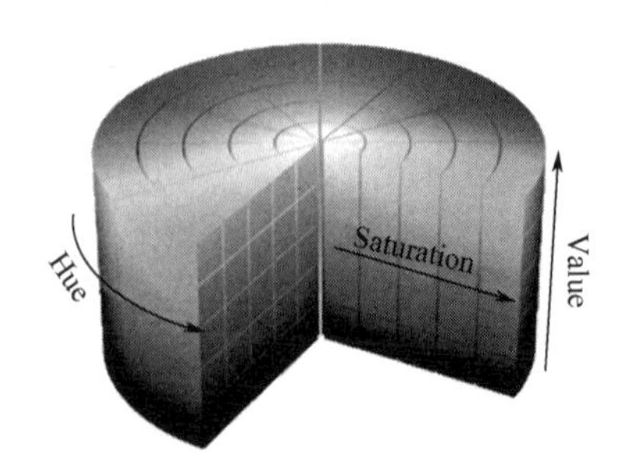

图 1.8　HSV 颜色空间柱形图

HSV 的 3 个分量的取值范围与 RGB 也有所不同。H 分量用角度度量，取值范围为 0～360，表示光谱上的颜色值。H 值从红色开始按逆时针方向旋转，当 H=0 时表示红色，H=120 时表示绿色，H=240 时则表示蓝色。S 分量表示颜色的饱和程度，取值范围为 0～100，S 的值越大，颜色饱和度越高，当 S=0 时为纯白色，S=100 为光谱色本色，饱和度最高。V 分量表示明亮程度，取值范围同样为 0～100，V 值越高，表示颜色明亮度越高，当 V=0 时表示纯黑色，V=100 时表示纯白色。如果要表示黄色，在 RGB 颜色空间，需要 3 个分量共同决定，而在 HSV 空间中，只需要将 H 分量设置为 60 即可。RGB 和 HSV 表示黄色的区别如图 1.9 所示。

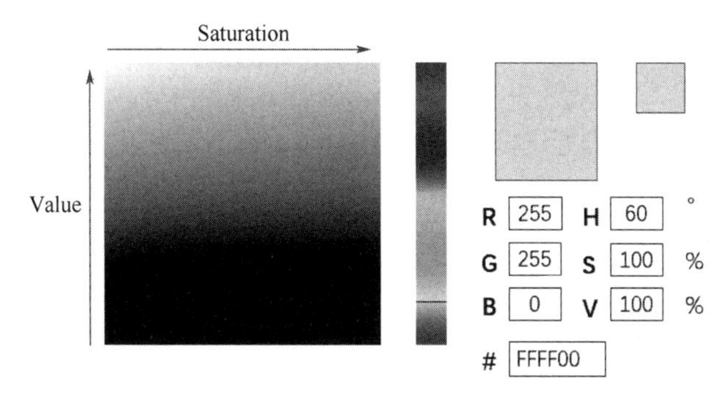

图 1.9　RGB 和 HSV 表示黄色的区别

相比 RGB，HSV 颜色空间更容易实现对颜色的跟踪，在图像处理领域常用于分割指定颜色的物体。

3. 用于打印的 CMYK

印刷四色模式是彩色印刷时采用的一种套色模式，利用色料的三原色混色原理，加上黑色油墨，共计 4 种颜色混合叠加，形成所谓“全彩印刷”。4 种标准颜色是：C=青色，M=品红色，Y=黄色，K=黑色。相较于 RGB 模式的加色模式，CMYK 模式是减色模式。CMYK 色彩表示如图 1.10 所示。

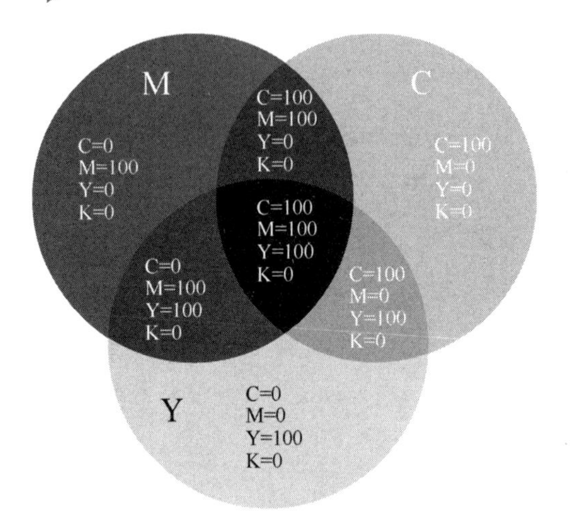

图 1.10　CMYK 色彩表示

CMYK 色彩空间专用于印刷领域，通常在印刷品上看到的图像都是 CMYK 模式，如期刊、杂志、报纸、宣传画等，而在屏幕上显示的图像都是 RGB 模式。

4. 基于生理的 Lab

Lab 模式是一种设备无关的颜色模型，也是一种基于生理特征的颜色模型，能够产生具有明亮效果的色彩。与 RGB 和 CMYK 相比，Lab 能够表达更广的色彩范围，因此，Lab 常被用于 RGB 与 CMYK 的中转模式，即先将 RGB 转换成 Lab 模式，再转换成 CMYK 模式。

Lab 颜色模型由 3 个要素组成，亮度（Lightness，L）通道、a 颜色通道和 b 颜色通道。L 通道的取值范围为 0～100，a 通道和 b 通道的取值范围都是 –120 ～120 。其中，a 通道颜色从深绿色（低亮度值）到灰色（中亮度值）再到亮粉红色（高亮度值），b 通道颜色从亮蓝色（低亮度值）到灰色（中亮度值）再到黄色（高亮度值）。Lab 色彩表示原理如图 1.11 所示。

在图像处理过程中，可以根据需要对不同类型的图像进行转换，如将 BGR 转换为 HSV、BGR 转换为灰度图像、灰度图像转换为二值图像等。

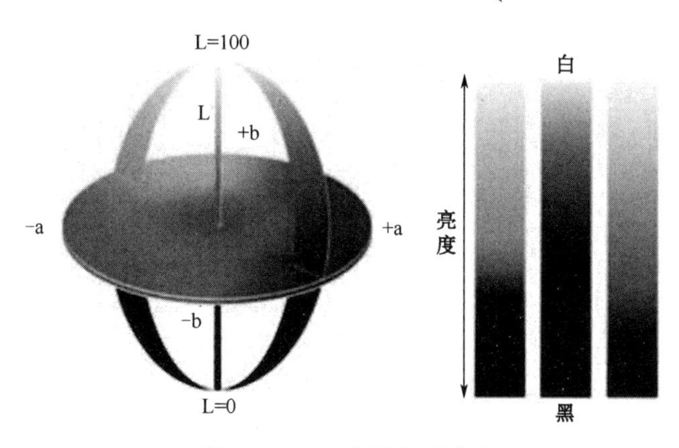

图 1.11　Lab 色彩表示原理

1.2.3　图像处理的基本过程

计算机视觉系统的结构形式很大程度上依赖于其具体应用方向，但在图像处理过程上具有共性。计算机视觉系统的图像处理过程一般包括图像获取、图像预处理、特征提取、高级处理等，如图 1.12 所示。

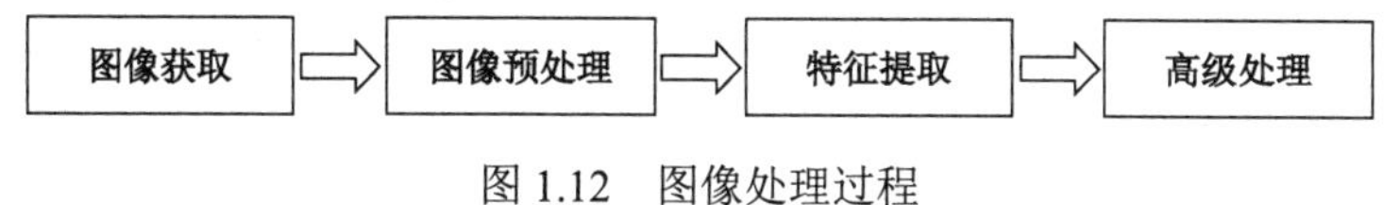

图 1.12　图像处理过程

1. 图像获取

数字图像的获取主要通过图像感知设备，如各种光敏摄像机、雷达、超声波接收器等。使用的感知器不同，采集的图像也会有区别。例如，雷达产生的是二维图像，像素点对应的是无线电波的电平；摄像机产生的通常是 RGB 模式的三维图像，像素点对应的是光在 R、G、B 光谱段上的叠加强度。

2. 图像预处理

直接从图像感知设备获取的图像可能存在噪声、暗区、倒置、尺寸多样等问题，而无法直接用于高级处理，于是一些必要的预处理操作被采用以使图像满足后继分析的要求。常用的图像预处理操作有图像转换、二次取样、图像增强、图像去噪等，如表 1.1 所示。

表 1.1 图像预处理操作汇总

预处理内容	描　述
图像转换	转换为灰度图像或二值图像
二次取样	保证图像坐标的正确，如将倒置的图像转正
图像增强	提高对比度来保证实现相关信息可以被检测到
图像去噪	滤除感知器引入的设备噪声

3. 特征提取

特征提取指从图像中提取对后继分析有用的图像特征。简单的特征提取操作有边缘提取、边角检测、斑点检测等。相对复杂的特征提取与图像中的纹理形状或运动状态有关，有时还需要进行图像分割，从一或多幅图片中分割出含有特定目标的区域。

4. 高级处理

高级处理是计算机视觉中的高阶处理部分，主要任务是理解图像的含义。经过前面的图像预处理和特征提取，获得的数据量已经大大缩小，如只含有目标物体的部分。高级处理的内容包括但不限于：验证得到的数据是否符合前提要求、估测特定系数（如目标的姿态和体积）、对目标进行分类等。

1.3 图像处理库

本书是基于 Python 语言编写的，Python 版本为 3.6。使用本书的读者需要具备一定的 Python 编程基础，并对和图像处理相关的库有一定了解。在 Python 环境中，常用的与图像运算和处理相关的库有 NumPy、SciPy、Pillow、Matplotlib、OpenCV 等。下面主要介绍 NumPy 和 Pillow 的基本使用。

1.3.1 NumPy

NumPy 是 Python 语言的一个扩展程序库，支持大量的维度数组与矩阵运算，非常适合用于数字图像的矩阵运算。下面介绍 NumPy 的基本使用方法。

1. 数组创建

ndarray 数组是 NumPy 最重要的数据类型。ndarray 对象通过函数 array()构建，可以根据需要灵活地构建一维数组、二维数组（矩阵）和多维数组。array()函数的语法格式如下。

```
numpy.array(object,dtype=None,order='C')
```

其中，object 是数组或嵌套的数列；dtype 是数组元素的数据类型；order 是索引数组的顺序，取值“C”为行方向，取值“F”为列方向，取值“A”为任意方向（默认）。

例如，创建一个矩阵 ***A*** 的语句如下。

```
import numpy
A=numpy.array([[1,2],[3,4]],int)
```

其他常用数组创建函数还有 empty()、zeros()、ones()等。Empty()函数用于创建一个未初始化的数组；zeros()函数用于创建全 0 的数组；ones()函数用于创建全 1 的数组。3 个函数的语法格式是一样的，以 zeros()函数为例，语法格式如下。

```
numpy.zeros(shape,dtype=float,order='C')
```

其中，shape 是数组形状；dtype 是数组元素的数据类型；order 是索引数组的顺序。

创建一个全 0 的矩阵 ***B*** 的语句如下。

```
B=numpy.zeros((3,2),int)
```

语句执行结果如下。

```
B: [[0 0]
[0 0]
[0 0]]
```

NumPy 数组的维数称为秩，一维数组的秩为 1，二维数组的秩为 2，以此类推；数组的形状表示为一个元组，其中的元素为各个维中元素的数量。例如，上面语句生成的数组 *B* 的维数为 2，形状为(3,2)。通过 ndarray 对象的 ndim 属性能够获得数组的秩，通过 shape 属性能够获得数组的形状信息；除此以外，还有 size、dtype 等属性。

2. 数组重塑

数组创建完成后，还可以通过 reshape()函数改变数组形状，前提是目标数组的元素总量不变。reshape()函数的语法格式如下。

```
arr.reshape(newshape,order='C')
```

其中，arr 是待改变的数组；newshape 是目标形状；order 是索引数组的顺序。在转换形状的过程中，选择的 order 参数不同，得到的结果数组也会不一样。以矩阵为例，当 order 设置为“C”，索引数组的顺序为先行后列，reshape()函数先以行优先的顺序读取所有元素，再按照新形状重新排列矩阵；当 order 设置为“F”，将先以列优先的顺序读取所有元素，再进行形状重建；当 order 设置为“A”，表示默认采用原数组的存储索引方式。

数组重塑示意图如图 1.13 所示。

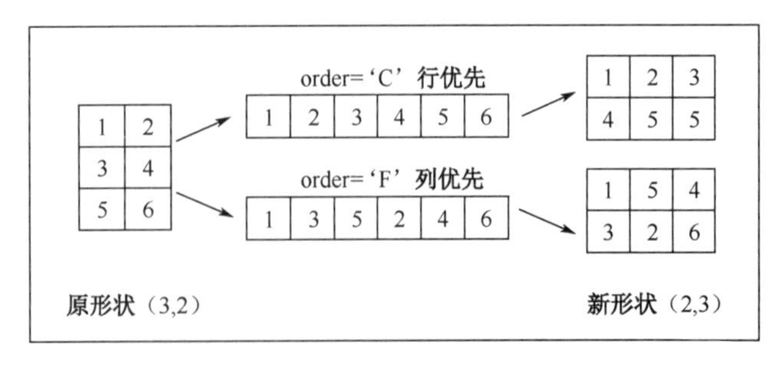

图 1.13　数组重塑示意图

将形状为(3,2)数组 *B* 转变为形状为(2,3)的语句如下。

```
B.reshape((2,3),order='C')
```

3. 广播

NumPy 中相同形状的数组之间能够顺利地进行元素级的加减乘除四则运算，如数组[[1,2],[3,4]]和[[5,5],[5,5]]相乘的结果为[[5,10],[15,20]]。如果形状不一样，NumPy 的“广播”特性让不同形状的数组之间也能进行运算。

NumPy 中，当两个数组的后缘维度（从末尾开始算起的维度）的轴长相等，或是有一方的维度是 1，仍然可以借助“广播”的形式进行计算。广播示意图如图 1.14 所示。

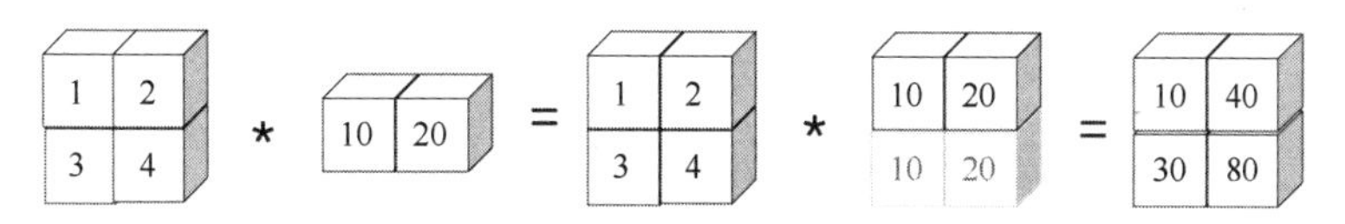

图 1.14　广播示意图

【例 1.1】计算出数组 A=[[1,2],[3,4],[5,6]]与数组 B=[[1,2]]进行四则运算的结果，并编码验证。

首先，判断数组 A 与数组 B 能否进行计算。A 的形状为(3,2)，B 的形状为(2,1)，满足后缘维度相等，可以进行广播运算。

其次，将 B 进行数据补充，填充为形状为(3,2)的数组[[1,2],[1,2],[1,2]]。

最后，按照基本运算方法进行运算级运算，得到的结果如下。

$$A+B=\begin{bmatrix}2&4\\4&6\\6&8\end{bmatrix},\ A-B=\begin{bmatrix}0&0\\2&2\\4&4\end{bmatrix},\ A\times B=\begin{bmatrix}1&4\\3&8\\5&12\end{bmatrix},\ A\div B=\begin{bmatrix}1&1\\3&2\\5&3\end{bmatrix}$$

编写的验证代码如下。

```
import numpy as np
A=np.array([[1,2],[3,4],[5,6]],int)
B=np.array([1,2])
print("A+B=",A+B)
print("A-B=",A-B)
print("AxB=",A*B)
print("A/B=",A/B)
```

代码运行后，其结果与上面的计算结果一致。

1.3.2 Pillow

Pillow 是 Python 3 的图像处理库，提供了基本的图像处理功能，如读写图像、几何变换、颜色变换等。前面介绍了图像的不同表示方式、色彩空间等概念，接下来试着使用 Pillow 来实现图像读取、类型转换、色彩分离等基本处理。

1. 图像读取

Pillow 使用 open()函数读取图像，通过_show()函数显示图像。读取到图像对象后，通过 mode、size、height、width 等属性获取图像的色彩空间、尺寸、高度和宽度。

【例 1.2】读取图片 lena.jpg，获取图像的色彩空间、尺寸、高度和宽度信息。代码如下。

```
from PIL import Image
im=Image.open('cat.jpeg')
print(im)
print('图片模式:',im.mode,type(im.mode))
print('图片尺寸:',im.size,type(im.size))
print('图片高度:',im.height,type(im.height))
print('图片宽度:',im.width,type(im.width))
print('图片数据类型:',type(im.info))
Image._show(im)
```

运行代码，得到的结果如图 1.15 所示。

从运行结果中可以看出，Pillow 读取的图像模式是 RGB，尺寸是 200×200，类型是 dict。从中可以看出，Pillow 读取的图像数据并不是 NumPy 的数组类型 ndarray，如果要使用 NumPy 的高效数组运算，可以在运算之前进行类型转换，语法格式如下。

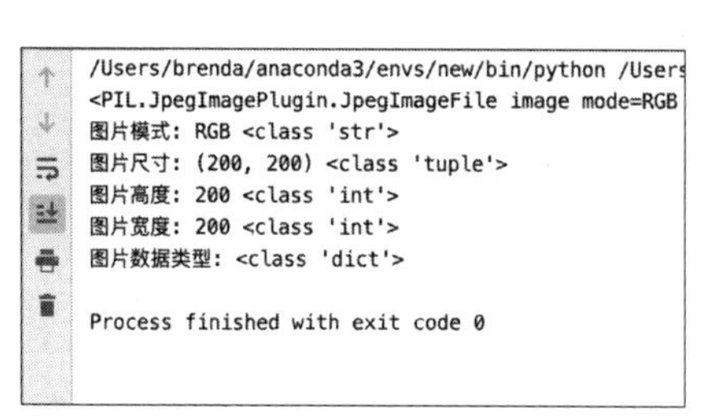

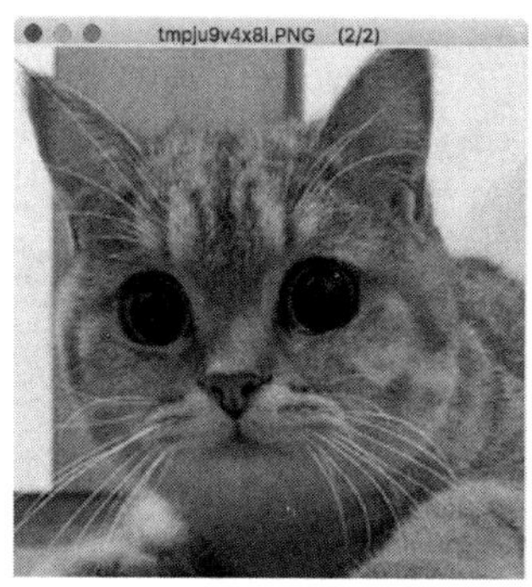

图 1.15 【例 1.2】运行结果

```
np_im=numpy.array(pil_im)
```

其中，np_im 是转换成的 NumPy 数组；pil_im 是 Pillow 的图像对象。

对应的，NumPy 的二维数组（矩阵）也可以通过 Pillow 显示为图像，所用函数为 fromarray()。

【例 1.3】使用 NumPy 生成一个元素都是 0 的矩阵，并通过 Pillow 显示。代码如下。

```
import numpy as np
from PIL import Image
A=np.zeros((100,100),np.int8)
im=Image.fromarray(A)
Image._show(im)
```

运行代码，得到的结果如图 1.16 所示。

图 1.16 【例 1.3】运行结果

下面对代码进行分析。首先使用 NumPy 构建一个全 0 的矩阵 $\boldsymbol{A}$，然后使用转换函数

fromarray()将数组转换为 Pillow 支持的数据类型。此处需要注意的是，NumPy 的数组类型使用了 int8 而没有使用前面默认的 int 类型，这是因为 int 类型位数是系统默认位数，有可能是 32 位或 64 位，而 fromarray()函数需要的是 8 位的整数。

2. 图像转换

convert()函数支持灰度图像和彩色图像之间的模式转换，语法格式如下。

```
im.convert(mode)
```

其中，im 是图像对象；mode 是转换的目标模式，取值“L”表示转换为灰度图，取值“RGB”表示转换为彩色图像。

Pillow 没有提供直接转换二值图像的函数，但可以通过 point()函数间接转换。point()函数的语法格式如下。

```
im.point(func)
```

其中，im 是图像对象；func 通常是函数表达式。

point()函数根据 func 转换图像的像素值。使用 point()函数转换二值图像的过程很简单，首先设置一个灰度阈值，然后将图像对象中的每一个像素进行转换，小于灰度阈值的转换为 0，大于灰度阈值的转换为 255。

【例 1.4】读取图片 cat.jpg，将其转换为灰度图和二值图像。代码如下：

```
# 图片二值化
from PIL import Image
im=Image.open('cat.jpg')
# 模式L"为灰色图像，它的每个像素用8个bit表示，0表示黑，255表示白，其他数字表示不同的灰度。
im=im.convert('L')
Image._show(im)
# 自定义灰度界限，大于这个值为黑色，小于这个值为白色
threshold=200
# 图片二值化
photo=im.point(lambda x: 0 if x<threshold else 255)
Image._show(photo)
```

运行程序得到结果如图 1.17 所示。

图 1.17 【例 1.4】运行结果

3. 色彩分离和合并

split()和 merge()函数分别用于色彩分离和色彩合并。

split()函数将 RGB 图像分离成 3 个图像，分别对应原始图像的红、绿、蓝通道。

merge()函数与 split()函数相反，将多个通道合并成彩色模式的图像。merge()函数的语法格式如下。

```
Image.merge(mode,band)
```

其中，Image 是 Pillow 的图像对象；mode 是合并的目标模式，如 RGB 模式；band 是集合类对象，如多个通道组成的列表数据。

【例 1.5】读取图片 cat.jpg，将其进行色彩分离和合并操作。代码如下：

```
from PIL import Image
im=Image.open('cat.jpg')
#色彩分离
r, g, b=im.split()
Image._show(r)
Image._show(g)
Image._show(b)
#色彩合并
im=Image.merge("RGB", (r, g, b))
Image._show(im)
```

运行程序得到结果如图 1.18 所示。

（a）r 通道

（b）g 通道

（c）b 通道

（d）合并图像

图 1.18　【例 1.5】运行结果

任务总结

- ✓ 人类视觉系统具有视觉关注、色彩敏感度、亮度及对比敏感度、视觉掩盖、视觉内在推导机制等特性。
- ✓ 计算机视觉是一门研究如何使机器“看”的科学，其目标是实现对图像的理解。更具体地说，就是指用摄影机和计算机代替人眼对目标进行识别、跟踪和测量等机器视觉任务。
- ✓ 计算机视觉可以划分为图像识别、图像跟踪和图像理解。
- ✓ 图像处理是计算机视觉的一个子集。图像处理一般指数字图像处理。图像处理的主要内容包括图像压缩，增强和复原，匹配、描述和识别 3 个部分。
- ✓ 计算机视觉系统的图像处理过程一般包括图像获取、图像预处理、特征提取、高级处理等。
- ✓ 根据图像强度值与通道数等的区别，数字图像可分为二值图像、灰度图像、彩色图像等类别。

思考和拓展

1．使用 NumPy 创建形状为 100×100 的矩阵，矩阵的前 10 行元素值为 0，后续 10 行元素值为 255，再后续 10 行元素值为 0，以此类推，并使用 Pillow 显示该矩阵，看看效果怎么样。

2．找两幅相同尺寸的彩色图，分别使用 split()函数分离通道后，随机从中选择 3 个通道合并成一个新图像，看看效果怎么样。

第 2 章

OpenCV 基本使用

任务背景

随着计算机算力的不断提升和人工智能算法的不断发展，人们对各类计算机视觉系统的期待越来越高，要求它们不仅能够完成基本的图像变换、图像识别任务，还要能够像人类那样理解图像的含义。与此同时，计算机视觉技术的算法越来越复杂，计算量越来越大，依靠基本的图像处理库已经无法满足需求。OpenCV 则是一个不错的选择。

学习重点

- OpenCV 编程环境。
- OpenCV 环境设置。
- OpenCV 基本使用。

任务单

2.1 了解 OpenCV 的基础知识。

2.2 学习 OpenCV 的环境配置。

2.3 编写第一个 OpenCV 程序。

2.4 使用 OpenCV 读取图像。

2.1 OpenCV 的基础知识

2.1.1 什么是 OpenCV

与 Pillow 一样，OpenCV 也是计算机视觉领域的软件库，但其功能更强大，计算更高效。

OpenCV 是一个开源的跨平台计算机视觉和机器学习软件库，可以运行在 Linux、Windows、Android 和 Mac OS 操作系统上，提供了 Python、Ruby、MATLAB 等语言的接口，内置了图像处理和计算机视觉方面的大量通用算法，已然成为计算机视觉应用开发的首选软件库。

相较于同领域的图像处理库，OpenCV 具有以下优点。

（1）与 Python 一样由 C 和 C++语言编写，能够方便地与基于 Python 的其他软件库集成，如 NumPy、SciPy、Matplotlib 等。

（2）在没有形成统一应用程序接口（Application Programming Interface，API）标准的市场背景下，简化了计算机视觉程序和解决方案的开发。

（3）具有优秀的性能表现。基于优化的 C 语言编码为其执行速度带来了可观的提升，与 IPP（Intel Integrated Performance Primitives，英特尔高性能多媒体函数库）的组合使用还能进一步提升处理速度。

OpenCV 与当前其他主流视觉函数库的性能比较如图 2.1 所示。

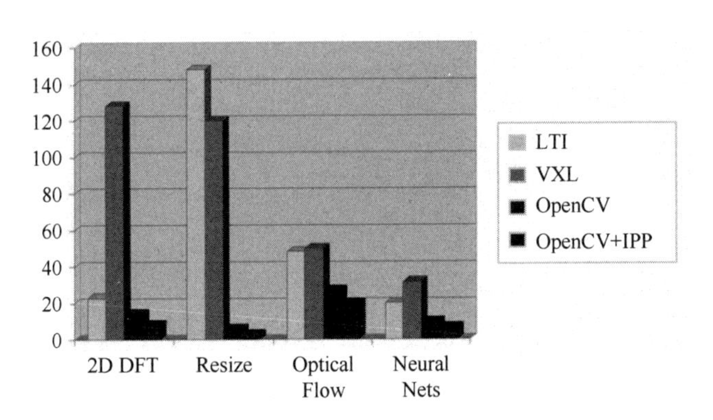

图 2.1　OpenCV 与当前其他主流视觉函数库的性能比较

2.1.2　OpenCV 的发展历程

OpenCV 缘起于英特尔公司想要增强 CPU 集群性能的研究。期间研究团队发现计算机视觉的计算任务对算力的需求非常高，如果能够研发出一款提供通用性接口的视觉开发工具将能大大提升市场对高性能处理器的需求，从而提升英特尔公司的处理器销量。这就是开发 OpenCV 的初衷。

OpenCV 项目启动于 1999 年，研发成员是几位英特尔俄罗斯研发中心的优化专家。之后 OpenCV 由 Willow Garage 公司支持，现在主要由 Itseez 公司维护。

在项目早期，OpenCV 的主要目标有以下 3 个。

（1）为高级的视觉研究提供开源并且利用优化过的基础代码，不再需要重复编码。

（2）以提供开发者可以在此基础上进行开发的通用接口为手段传播视觉相关知识，使代码具有更强的可读性和可移植性。

（3）以创造可移植的、优化过的免费开源代码来推动基于高级视觉的商业应用，这些代码可以自由使用，不要求商业应用程序开放或免费。

OpenCV 创建的目的是为了提升英特尔的产品销售额。相较于售卖额外的软件，OpenCV 能够更快地增加英特尔的营收。也许这就是为什么 OpenCV 是由一家硬件厂商来开发的原因。

OpenCV 发展到现在，被大量运用于商业软硬件开发，应用场景遍布计算机视觉的各个领域，如汽车安全驾驶、物体识别、机器人、图像分割、人脸识别等，如图 2.2 所示。

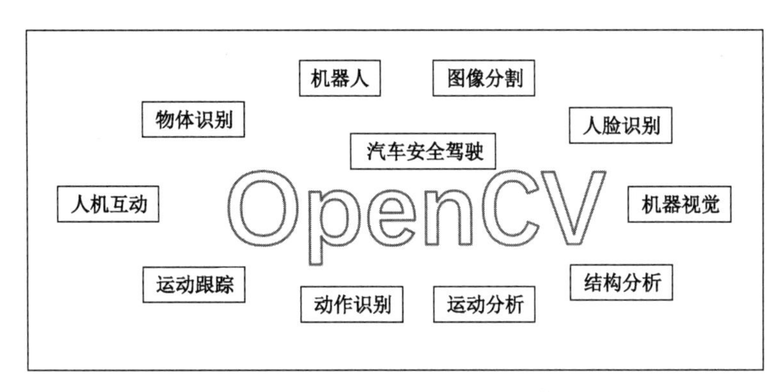

图 2.2　OpenCV 应用领域

2.1.3　OpenCV 的模块

OpenCV 的基本单元是模块，每个模块都包含了大量函数。OpenCV 的主要模块如表 2.1 所示。从这些模块的简单介绍中，可以提前一窥 OpenCV 在计算机视觉领域的强大处理能力。

表 2.1　OpenCV 的主要模块

模　块	说　明
core	核心模块，包括基本数据结构和基本操作函数
imgproc	图像处理模块，提供基本的图像处理功能，包括滤波及类似的卷积操作
feature2d	2D 功能框架，包含用于检测、描述、特征匹配等算法
flann	高维近似近邻快速搜索算法库，提供快速近似最近邻搜索、聚类等算法
gpu	GPU 加速库，提供基于 CUDA GPU 上的优化加速
ml	机器学习模块，包含了大量的统计模型和机器学习算法实现，如 K-近邻、支持向量机、决策树、神经网络等
dnn	深度神经网络模块，支持主流深度学习框架训练生成与导出的模型
nonfree	非免费算法模块，包含一些具有专利版权的算法模块，是 OpenCV 中非开源的部分

续表

模　块	说　明
objdectect	目标检测模块，包含人脸识别、行人检测等算法,也可用于训练检测器
photo	计算图像库，包含图像修复、图像去噪等算法函数
video	视频分析模块，包含读取和写视频流的函数
stitching	图像拼接模块，包含拼接流水线、自动校准、接缝估测、曝光补偿等
contrib	贡献库，主要由社区开发和维护，包含一些新的、还没有被集成进 OpenCV 的函数，通常需要额外下载安装

2.2　OpenCV 的环境配置

本书采用 Python+OpenCV 的组合框架，在开始计算机视觉的学习任务之前，需要先完成编程环境的配置。

2.2.1　安装 Python

Python 的版本可分为 Python 2.x 和 Python 3.x 两大类，简称 Python 2 和 Python 3。Python 3 是当前主推的 Python 版本，Python 2.7 已于 2020 年 1 月 1 日终止支持。

本书使用的 Python 版本为 Python 3.6。Python 的安装非常简单，访问 Python 官方网站下载 Python 3.6，下载完成后直接运行安装即可，过程与各类普通软件的安装没有区别。

安装完成之后即可使用命令行进行环境测试。打开命令行终端，输入版本查看指令“python —version”，如图 2.3 所示。如果显示出正确的版本信息，表示 Python 安装成功。

```
Command Prompt - python
Microsoft Windows [Version 10.0.17134.228]
(c) 2018 Microsoft Corporation. All rights reserved.

C:\Users\Administrator>python --version
Python 3.6.5

C:\Users\Administrator>pip --version
pip 9.0.3 from e:\python3\lib\site-packages (python 3.6)

C:\Users\Administrator>python
Python 3.6.5 (v3.6.5:f59c0932b4, Mar 28 2018, 16:07:46) [MSC v.1900 32 bit (Intel)] on win32
Type "help", "copyright", "credits" or "license" for more information.
>>>
```

图 2.3　Python 环境验证

2.2.2　安装开发工具

本书使用环境管理工具 Anaconda 和集成开发环境 PyCharm 协助开发。PyCharm 版本为 PyCharm 2019.3.3，Anaconda 为 Anaconda-Navigator 1.9.2，二者的图标如图 2.4 所示。

图 2.4　PyCharm 和 Anaconda 的图标

1. Anaconda

Anaconda 是开源的 Python 发行版本和环境管理器。Anaconda 集成了包括 Conda、Python 在内的大量工具库，支持包括 NumPy、OpenCV、TensorFlow 等常用人工智能开发依赖库的环境配置。

访问 Anaconda 官网下载安装包即可进行安装。选择版本的时候要参考本地的环境配置，如操作系统是 Windows、Mac OS 还是 Linux，处理器位数是 32 位还是 64 位等。

2. PyCharm

PyCharm 是一款专为 Python 打造的集成开发环境，带有一整套可以帮助用户提高开发效率的工具，如解释器配置、代码调试、语法高亮、项目管理、代码跳转、智能提示、代码自动补全、单元测试、版本控制等。

PyCharm 的安装和普通软件的安装一样，直接访问官网下载安装即可。需要说明的是，PyCharm 是一款商业软件，初次安装有 15 天试用期，之后需要付费使用。

2.2.3 安装 OpenCV

Python 环境中 OpenCV 的安装方式有很多种，在此只介绍通过 Anaconda 安装 OpenCV 的方法。

通过 Anaconda 安装 OpenCV 主要有两类方式，在线安装和本地安装。

1. 在线安装

（1）安装好 Anaconda 后，双击图标打开 Anaconda，在左侧选择“Environments”，单击列表左下角的“Create”按钮，新建一个 Python 环境，Python 版本选择 3.6，如图 2.5 所示。

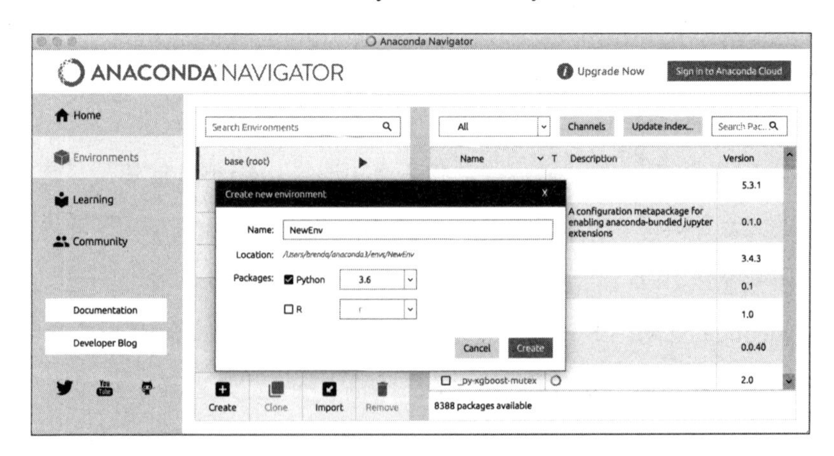

图 2.5　新建 Python 环境

（2）完成新环境创建后，在新环境的未安装依赖库列表中搜索 OpenCV 并进行安装，安装过程中会一并安装一些依赖包，直接单击“Apply”按钮，之后等待安装完成即可，如图 2.6 所示。

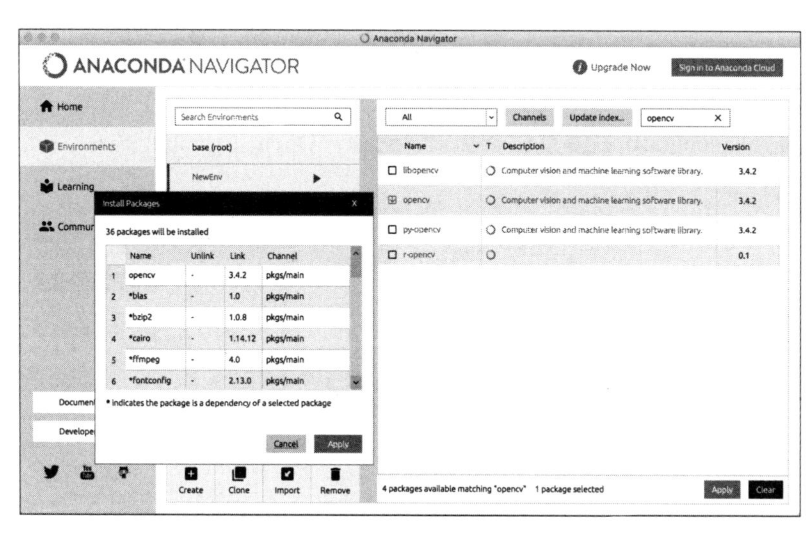

图 2.6　在线安装 OpenCV

（3）安装完成后，opencv 库会出现在新环境的已安装列表中，如图 2.7 所示。

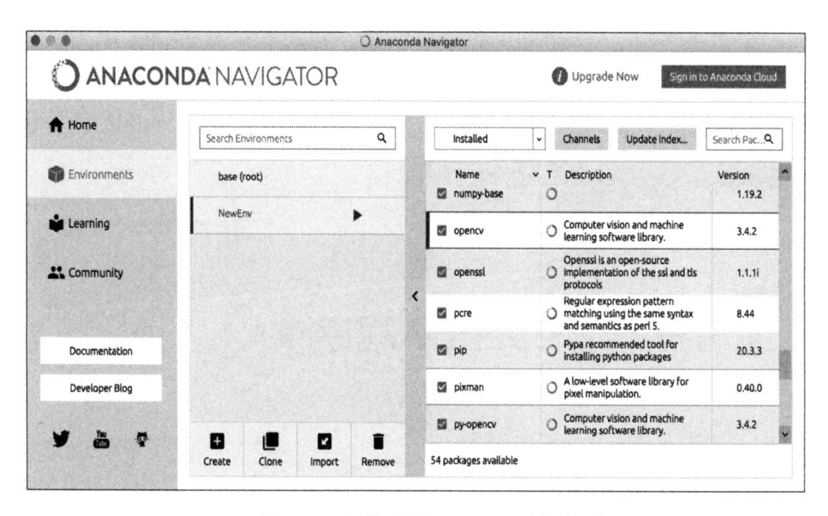

图 2.7　在线安装 OpenCV 结果

如果网络状态不佳，在线安装方式有可能失败，除了在线安装方式，还可以采用本地安装方式。

2. 本地安装

（1）访问 OpenCV 官网，提前下载好对应版本的安装包。

（2）打开 Anaconda，右键单击新环境，选择“Open Terminal”命令，打开命令行工具，如图 2.8 所示。

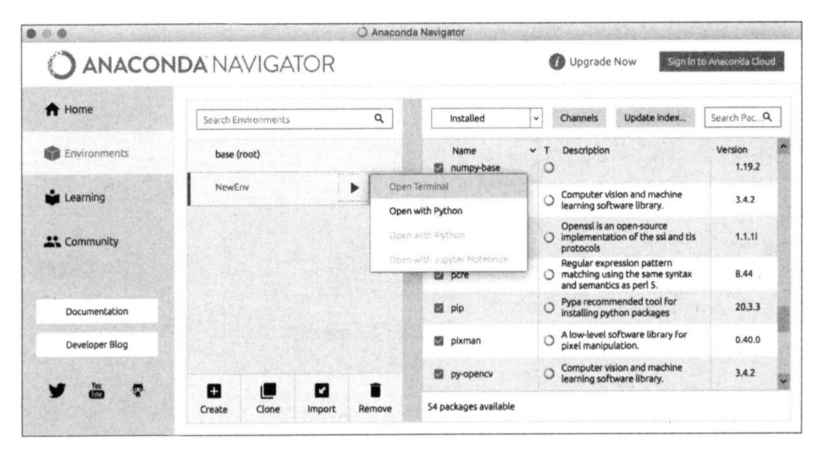

图 2.8　打开命令行工具

（3）使用命令行工具定位安装包所在目录，输入指令“pip install 安装包文件名”即可开始本地安装。

2.3 编写第一个 OpenCV 程序

完成环境配置后，开始编写第一个 OpenCV 程序。

1. 新建项目

打开 PyCharm，选择“Create New Project”，进入新项目创建界面，在左侧选择“Pure Python”项目类别，在右侧的“Location”中指定项目的存放位置，在“Project Interpreter”选项组中选择“Existing Interpreter”单选按钮，在其下的下拉列表框中选择之前已经创建好的 Anaconda 新环境名称，如图 2.9 所示。

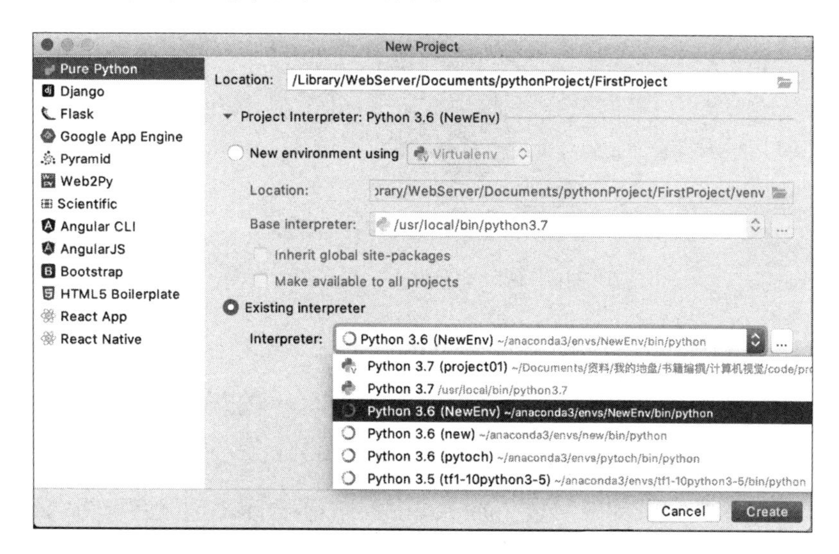

图 2.9　PyCharm 新项目配置

配置好项目参数，关联好 Python 解释器环境后，单击“Create”按钮即可开始创建。

2. 编写程序

读取图像、显示图像、保存图像是图形处理的基本操作。第一个 OpenCV 程序将编写实现读取、显示和保存图像的简单程序。

项目建好后，将素材 cat.jpg 拖拽到项目中，并新建一个 Python 文件 first.py，在其中编写代码如下：

```
import cv2
im=cv2.imread("cat.jpg")
cv2.namedWindow("cat",1)
```

```
cv2.imshow("cat",im)
cv2.waitKey()
cv2.destroyAllWindows()
```

完成代码编写后，右键选择“Run first.py”执行代码，结果如图 2.10 所示。

图 2.10　第一个 OpenCV 程序执行结果

下面对代码进行分析。与 NumPy 和 Pillow 一样，使用 OpenCV 之前，要先引入软件库。此处引入的模块名称是 cv2，意旨相对于旧版本 cv 的升级版本。旧版本 cv 使用 C 语言开发，内部是面向过程的实现方式，而 cv2 使用 C++语言，内部采用面向对象的编程方式。imread()函数用于读取图像；namedWindow()函数用于创建名称为“cat”的窗口，第 2 个参数为“1”表示窗口不可调整大小；imshow()函数用于将图像显示在窗口中；waitKey()函数是等待按键的语句，可以让图像窗口一直显示，直到任意按键被按下后继续执行 destroyAllWindows()函数，关闭所有 OpenCV 创建的窗口。

2.4　使用 OpenCV 读取图像

读取图像是 OpenCV 的基本使用场景。本节将在上一节的基础上，继续介绍图像读取的更多语法，如图像读取、图像转换、色彩分离和合并等。

2.4.1 图像读取

1. imread()函数

OpenCV 的 imread()函数用于读取图像。其语法格式如下。

imread(filename[,flags])→retval

其中，retval 是读取到的图像对象，在 OpenCV 中是 Mat 类型；filename 是图像文件名；flags 是读取标记，可省略，不同标记值所代表的含义不同，如“-1”表示读取图像格式不变，“0”表示单通道的灰度图像，“1”表示 3 通道 BGR 图像，为默认值。

从编程习惯上来说，直接在代码中使用阿拉伯数字（也称魔鬼数字）并不是一个好的习惯，会影响到代码的易读性和可理解性。在实际编码过程中，相较于直接使用数字的方式，本书更提倡使用 OpenCV 常量的方式。imread()函数的 flags 参数取值的常量表示如表 2.2 所示。

表 2.2 flag 参数取值的常量表示

常 量 变 量	值	说 明
cv2.IMREAD_UNCHANGED	-1	返回原通道、原深度图像
cv2.IMREAD_GRAYSCALE	0	返回单通道（灰度）、8 位图像
cv2.IMREAD_COLOR	1	返回 3 通道、8 位图像，为默认值
cv2.IMREAD_ANYDEPTH	2	返回单通道、任意深度图像
cv2.IMREAD_ANYCOLOR	4	返回任意通道数、8 位图像

imread()函数支持大部分图像格式，常用的包括位图（*.bmp、*.dib）、JPEG 图像（*.jpg、*.jpeg）、网络图形（*.png）、TIFF 文件（*.tiff、*.tif）等。

使用 imread()函数获取图像对象后，可以继续获取图像的属性信息，包括图像形状（shape）、像素数（size）、数据类型（dtype）等。shape 属性返回图像的行数、列数和通道数，size 属性返回图像的像素数量，dtype 属性返回的是图像的数据类型。获取图片属性的示例代码如下。

```
im = cv2.imread("cat.jpg")
```

```
print(im.shape)  #(200,200,3)
print(im.size)   #120000
print(im.dtype) #uint8
```

2. imshow()函数

显示图像可以使用 imshow()函数。其语法格式如下。

```
imshow(winname,mat)→None
```

其中，None 表示函数没有返回值；winname 是窗口名称；mat 是图像对象。

例如，在窗口“Window1”中显示图像 cat.jpg 的语句如下。

```
imshow("Window1",cv2.imread("cat.jpg"))
```

如果要将窗口创建和显示分离，可以在使用 imshow()函数之前，使用 namedWindow()函数提前创建窗口。此处在 imshow()语句前添加 cv2.namedWindow("Window1")，效果是一样的。

3. destroyWindow()函数

使用 destroyWindow()函数可以销毁图像窗口。其语法格式如下。

```
destroyWindow(winname)→None
```

其中，winname 是要销毁的窗口名称。

在实际使用中，该函数通常搭配 waitKey()函数使用。waitKey()函数用于监听按键事件，当监听到按键被按下后，继续执行程序。如果想要等待一段时间，就自动往下运行，可以设置等待时间，如等待 5 秒后销毁窗口，代码如下。

```
cv2.waitKey(5000)
cv2.destroyWindow("Window1")
```

如果要直接销毁所有 OpenCV 的创建的窗口，则使用 destroyAllWindows()函数，使用方法在上一节已经介绍过，在此不再赘述。

4. imwrite()函数

OpenCV 使用 imwrite()函数保存图片到本地。其语法格式如下。

```
imwrite(filename,img[,params])→retval
```

其中，retval 是返回保存结果，为 True 或 False；filename 是待保存文件的完整路径，包含文件扩展名；img 是被保存的图像对象；params 是可选的保存参数。

例如，将 lena.jpg 保存为 lena2.jpg 的语句如下。

```
cv2.imwrite("cat1.jpg",cv2.imread("cat.jpg"))
```

【例 2.1】读取图片 cat.jpg 并显示，等待按键后执行窗口销毁、图像数据打印，并重新将图像保存为 cat1.jpg。代码如下：

```
import cv2
im = cv2.imread("cat.jpg")
cv2.namedWindow("cat")
cv2.imshow("cat",im)
cv2.waitKey()
cv2.destroyWindow("cat")
print(im)
cv2.imwrite("cat1.jpg",im)
```

下面对运行结果进行分析。首先读取到的图像会显示出来，执行到“cv2.waitKey()”语句开始等待，此时按下任意按键，图像窗口会关闭，执行结果窗口输出图像数据。图像输出数据片段如图 2.11 所示。从图中可以看出，输出的像素是 3 个元素的数组。需要注意的是，OpenCV 默认读取的 3 通道图像为 BGR 格式，其通道顺序与 Pillow 读取的不太一样，后续色彩分离部分将详细解释这一点。

```
/Users/brenda/anaconda3/envs/new/b
[[[114 152 224]
  [114 154 226]
  [116 156 228]
  ...
  [120 151 220]
  [142 170 234]
  [137 163 223]]

 [[111 151 223]
  [112 154 225]
  [111 154 227]
  ...
```

图 2.11 【例 2.1】输出数据片段

2.4.2　图像转换

在图像处理过程中，为了减少数据量，提高计算效率，经常需要将彩色图像转换为灰度图像或二值图像。

1. 转灰度图像

如果要以灰度图像的形式读取图片，则可直接将 imread()函数的第 2 个参数设置为 cv2.IMREAD_GRAYSCALE 或 0，语句如下。

```
im = cv2.imread("cat.jpg", cv2.IMREAD_GRAYSCALE)
```

cvtColor()函数是 OpenCV 提供的专用于不同颜色模式转换的函数。其语法格式如下。

```
cvtColor(src, code[, dst[, dstCn]]) → dst
```

其中，dst 是结果图像；src 是原始图像；code 是指定颜色空间转换类型编码；dstCn 是目标图像的通道数，默认为 None，即保持原图像的通道数。

前面将彩色图像转换为灰度图像，同样可以通过该函数实现，将 code 参数设置为 cv2.COLOR_BGR2GRAY 即可。其他常用 code 参数取值如表 2.3 所示。

表 2.3　常用 code 参数取值

转换类型	转换码
RGB ↔ BGR （RGB 与 BGR 互转）	cv2.COLOR_RGB2BGR、cv2.COLOR_BGR2RGB
RGB/BGR ↔ GRAY （RGB/BRG 与灰度图像互转）	cv2.COLOR_BGR2GRAY、cv2.COLOR_RGB2GRAY cv2.COLOR_GRAY2BGR、cv2.COLOR_GRAY2RGB
RGB/BGR ↔ HSV （RGB/BRG 与 HSV 互转）	cv2.COLOR_BGR2HSV、cv2.COLOR_RGB2HSV cv2.COLOR_HSV2RGB、cv2.COLOR_HSV2BGR
RGB/BGR ↔ Lab （RGB/BRG 与 Lab 互转）	cv2.COLOR_BGR2Lab、cv2.COLOR_RGB2Lab cv2.COLOR_Lab2BGR、cv2.COLOR_Lab2RGB
RGB/BGR ↔ Alpha （RGB/BRG 增减 Alpha 通道）	cv2.COLOR_BGR2BGRA、cv2.COLOR_RGB2RGBA cv2.COLOR_BGRA2BGR、cv2.COLOR_RGBA2RGB

【例 2.2】以默认方式读取图片 cat.jpg，将图像转为灰度图，比较原始图像与灰度图的区别。代码如下：

```
import cv2
im = cv2.imread("cat.jpg")
rgb = cv2.cvtColor(im,cv2.COLOR_BGR2RGB)
gray = cv2.cvtColor(im,cv2.COLOR_BGR2GRAY)
cv2.imshow("BGR",im)
cv2.imshow("RGB",rgb)
cv2.imshow("GRAY",gray)
cv2.waitKey(0)
cv2.destroyAllWindows()
```

下面对代码进行分析。OpenCV 默认按照 BGR 的模式读取图像，之后通过 cvtColor()函数转换为 RGB 模式，又转换为单通道的灰度图像模式。代码运行结果如图 2.12 所示。从图中可以看出，虽然 BGR 转变为 RGB，但 imshow()函数仍然按照 B-G-R 的通道顺序显示图像，形成了通道错位。所以，RGB 格式图像在色彩上出现了明显的变化，原来的 R 通道显示为 B 通道，而原来的 B 通道则显示为 R 通道。

图 2.12 【例 2.2】运行结果

2. 转二值图像

二值图像是只有“黑”和“白”两种颜色的图像，将原始图像转换为二值图像的基本原理是，设置一个阈值，将小于阈值的像素值改为 0，大于阈值的像素值改为 255。

OpenCV 的 threshold()函数可以方便地实现二值图像转换。threshold()函数的语法格式如下。

```
threshold(src,thresh,maxval,type[,dst])→retval,dst
```

其中，src 是原始图像；thresh 是设置的中间阈值；maxval 是最大阈值；type 是阈值算法类型；dst 是结果图像；retval 是阈值。

要转换为二值图像，thresh 参数可以任意设置，只要范围在 0～255 之间就可以；另外，maxval 要设置为 255，与图像的像素值上限 255 一致；type 设置为 0，表示常规的阈值算法，即当当前像素值大于 thresh 时，修改当前像素值为 maxval 的值，反之，则改为 0。

【例 2.3】以灰度图的方式读取图片 cat.jpg，将灰度图转为二值图并显示，比较灰度图与二值图的区别。代码如下：

```
import cv2
import numpy as np
im=cv2.imread("cat.jpg", cv2.IMREAD_GRAYSCALE)
retval,dst=cv2.threshold(im,100,255,0)
#水平组合
imghstack=np.hstack((im,dst))
#cv2.namedWindow("灰度图-二值图",1);
cv2.imshow("GRAY-Binary",imghstack)
cv2.waitKey(0)
```

代码执行结果如图 2.13 所示。

图 2.13 【例 2.3】运行结果

下面对代码进行分析。前面的图片都是以单独一个窗口的形式显示的，本案例采用了 NumPy 的 hstack()函数对图像进行横向拼接，将两个图片显示在同一个窗口中。

hstack()函数可以对相同形状的图像进行横向拼接。纵向拼接要使用 vstack()函数。

2.4.3 色彩分离与合并

OpenCV 的 split()函数可用于拆分图像的通道。split()函数的语法格式如下。

```
split(m[,mv])→mv
```

其中，m 是多通道数组；mv 是通道矢量。

例如，拆分 1 个 BGR 图像，可使用如下语句。

```
b,g,r=cv2.split(im)
```

从使用语句中可以发现 OpenCV 的通道排序顺序与 Pillow 有所不同，OpenCV 图像通道排序顺序是“蓝色—绿色—红色”，并非习惯上认为的“红色—绿色—蓝色”。同时，拆分后的图像数据的维数会发生变化，不再是三维数组，而是二维数组，每个元素表示像素在拆分通道上的值。

merge()函数用于通道合并。其语法格式如下。

```
merge(mv[,dst])→dst
```

其中，dst 是结果图像；mv 是通道矢量。例如，将通道 b、g、r 合并为 BGR 图像，语句如下。

```
newim=cv2.merge([b,g,r])
```

【例 2.4】将 BGR 图像 lena.jpg 进行通道拆分后，再通过顺序变化合并成新图像。代码如下。

```
import cv2
import numpy as np
im=cv2.imread("cat.jpg")
b,g,r=cv2.split(im)
print(b)
#水平组合b、g、r通道图像
channelhstack=np.hstack((b,g,r))
cv2.imshow("BLUE-GREEN-REG",channelhstack)
newim1=cv2.merge([r,g,b])
newim2=cv2.merge([g,r,b])
```

```
#水平组合原始图像和新图像
imghstack=np.hstack((im,newim1,newim2))
cv2.imshow("OLD-NEW1-NEW2",imghstack)
cv2.waitKey(0)
```

执行结果如图 2.14 所示。

图 2.14 【例 2.4】运行结果

下面对代码进行分析。首先通过 split()函数将 RGB 图像 cat.jpg 拆分成 b、g 和 r 通道，然后使用 merge()函数将 3 个通道错序合并，最后通过 NumPy 的拼接函数对结果分别进行拼接显示，从图中能明显看到通道错序后的变化，图像从暖色调变成了冷色调。

任务总结

✓ OpenCV 是一个开源的跨平台计算机视觉和机器学习软件库，可以运行在 Linux、Windows、Android 和 Mac OS 操作系统上，提供了 Python、Ruby、MATLAB 等语言的接口，内置了图像处理和计算机视觉方面的大量通用算法，已然成为计算机视觉应用开发的首选软件库。

- ✓ OpenCV 引进的模块名称是 cv2，是传统版本 cv 的升级版本。cv 使用 C 语言开发，内部是面向过程的实现方式，而 cv2 使用 C++语言内部采用面向对象的编程方式。
- ✓ imread()函数的 flag 参数是读取标记，可省略，不同标记值所代表的含义不同，如“-1”表示读取图像格式不变，“0”表示单通道的灰度图像，“1”表示 3 通道 BGR 图像，为默认值。
- ✓ cvtColor()函数的 code 参数设置为 cv2.COLOR_BGR2GRAY，可将 RGB 图像转换为灰度图像，code 设置为 cv2.COLOR_BGR2HSV，可转换为 HSV 颜色模式。
- ✓ OpenCV 的 RGB 通道排序顺序与 Pillow 有所不同，OpenCV 图像通道排序顺序是“蓝色—绿色—红色”，并非习惯上认为的“红色—绿色—蓝色”。

思考和拓展

1．学习 OpenCV 的环境配置方法，并在自己的计算机上完成环境配置。

2．任意找两幅相同尺寸的彩色图像，分别使用 split()函数分离通道后，随机从中选择 3 个通道合并成一个新图像，看看效果怎么样。

第 3 章

给图像加滤镜

任务背景

很多读者使用过图像处理类软件，趣味性的有美图，专业的有 Photoshop 等。这些图像处理软件都有给图片加滤镜的功能，如浮雕、锐化、轮廓等。那么，这些效果都是怎么实现的呢？

本章的任务是学习滤镜的原理，学习编写个性化滤镜小程序。

学习重点

- 图像运算。
- 基本绘图。
- 图像滤镜。

任务单

3.1 学习图像运算的基础知识。

3.2 明确任务内容。

3.3 编程实现。

3.1 图像运算的基础知识

滤镜的实现建立在图像运算的基础上，学习编写滤镜小程序之前，先要了解图像之间是如何进行运算的。图像运算的主要内容有基本运算、绘图、图像变换和图像滤镜。

3.1.1 图像运算

根据图像的数学特征，图像基本运算可分为点运算、代数运算、逻辑运算和几何运算。

1. 点运算

点运算是针对输入图像像素点的计算，是一种逐点计算的计算方式，即输入图像的像素点之间不会产生计算关系。点运算的计算原理如图 3.1 所示。图中输入图像 $\boldsymbol{A}(x,y)$ 的每个像素点 (x,y)，经过映射规则变换后变成了 (x',y')，如像素点 $(1,3)$ 的值 78 经过变换后为 156。

点运算可分为线性点运算和非线性运算。

线性点运算输入图像的灰度级与输出图像之间呈线性关系，即映射规则是一个线性函数，公式为

$$f(\boldsymbol{A}) = a\boldsymbol{A} + b$$

式中，$\boldsymbol{A}$ 为输入图像；$f(\boldsymbol{A})$ 为结果图像；a 和 b 是权重和阈值。a 和 b 的不同设置将产生不同的输出效果，线性点运算的权重和阈值设置效果汇总如表 3.1 所示。

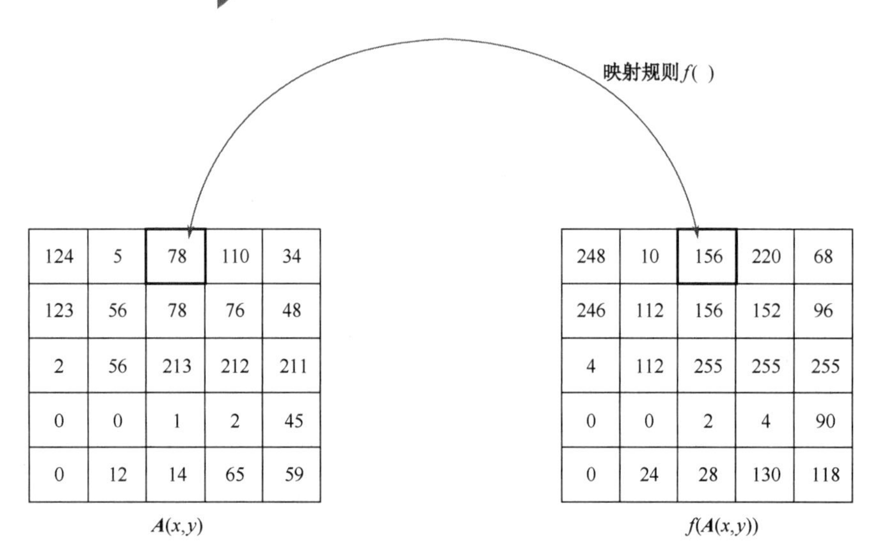

图 3.1　点运算的计算原理

表 3.1　线性点运算的权重和阈值设置效果

权重和阈值设置	波 显 效 果
$a=1,\ b=0$	输出图像与原图像相同
$a=1,\ b\neq 0$	输出图像在显示时更亮或更暗
$a>1$	输出图像对比度增加
$0<a<1$	输出图像对比度降低
$a<0$	暗区域将变亮，亮区域将变暗

【例 3.1】以灰度图方式读取图片 lena.jpg，根据线性点运算权重和阈值设置表，对输入图像做点运算并显示结果。代码如下。

```
import cv2
import numpy as np
im=cv2.imread("lena.jpg",0)
cv2.imshow("input",im)
cv2.imshow("a=1,b=0",1*im+0)
newim =1*im+20
cv2.imshow("a=1,b=20",newim)
newim =2*im+0
cv2.imshow("a=2,b=0",newim)
newim =0.5*im+0
```

```
    newim = newim.astype(np.uint8)
    cv2.imshow("a=0.5,b=0",newim)
    newim =-1*im+0
    newim = newim.astype(np.uint8)
    cv2.imshow("a=-1,b=0",newim)
    cv2.waitKey(0)
```

下面对代码进行分析。首先输入原始图，将 imread()函数的第 2 个参数设置为 0，表示以灰度图方式读取图像。随后分别根据权重和阈值设置表对图像像素点进行线性变换，并输出。需要说明的是，当设置 $a = 0.5$、$b = 0$ 时，计算出的数组的元素值变成了浮点数，与 OpenCV 要求的图像数据类型 uint8 不一致，因而通过 newim.astype(np.uint8)语句进行了转换。当 $a = -1$、$b = 0$ 时，也是一样的情况，都额外转换了一下数据类型。

代码运行结果如图 3.2 所示。其中，$a = 1$、$b = 0$ 时，图像与原图像是一样的；$a = 1$、$b = 20$ 时，整体亮度提升，但原本高亮的地方出现了暗纹，原因是这些部分的像素值经过计算后超出了 255 的饱和值，根据运算规则，进行了取模操作，反而变成了低像素值；当 $a = 2$、$b = 0$ 时，超出饱和值的情况更加普遍，出现了亮的变暗、暗的变亮的情况；当 $a = 0.5$、$b = 0$ 时，整个图像的对比度都降低了；最后当 $a = -1$、$b = 0$ 时，原本暗的区域变亮，原本亮的区域变暗。

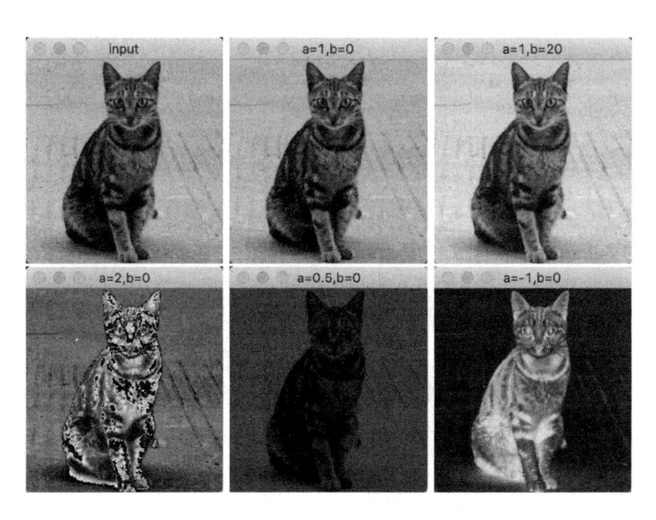

图 3.2 【例 3.1】运行结果

非线性点运算的输入图像与输出图像没有线性关系，即使用的映射规则为非线性函数。常见的非线性点运算函数为对数变换和幂次变换函数，在此不做扩展。

2. 代数运算

代数运算是指对两幅或多幅图像的对应像素做加、减、乘、除等运算。代数运算可以使用运算符号“+”“-”“*”“/”，或运算函数 add()、subtract()、multiply()、divide()。需要关注的是，虽然都是加、减、乘、除，但符号方法和函数方法在处理超饱和值的时候，规则并不一样。

采用符号方法进行计算的时候，图像 A（像素值为 a）和图像 B（像素值为 b）进行计算的结果如果超出了 255 的饱和值，会自动将结果对 256 取模。例如，像素值 a 为 212、b 为 112，用“+”运算符计算为 $212+112=324$，取模后实际值为 $324\%256=68$。

采用函数方法处理超饱和值的办法与符号方法不同，如果计算结果超出饱和值 255，会直接把结果处理为饱和值 255。例如，像素值 a 为 212、b 为 112，二者通过 add()函数计算出的结果为 324，大于 255，则最终得到的结果为 255。

符号方法与函数方法运算的区别如图 3.3 所示。

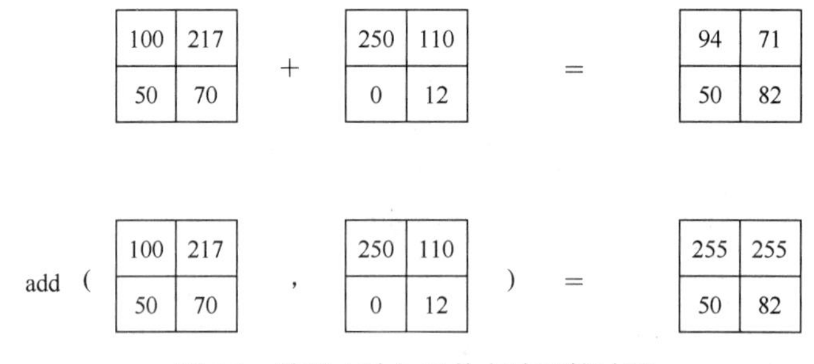

图 3.3 符号方法与函数方法运算过程

原则上进行代数运算的两个图像的形状和类型必须保持一致，如果不一致，则广播特性将会发挥作用。例如，add()函数的两个参数可以是图像和图像，也可以是图形和数值。

OpenCV 提供的主要代数运算函数如表 3.2 所示。

表 3.2 OpenCV 提供的主要代数运算函数

运 算 函 数	描 述
add(src1, src2[, dst[, mask[, dtype]]]) -> dst	加法函数
subtract(src1, src2[, dst[, mask[, dtype]]]) -> dst	减法函数
multiply(src1, src2[, dst[, scale[, dtype]]]) -> dst	乘法函数
divide(src1, src2[, dst[, scale[, dtype]]]) -> dst	除法函数

【例 3.2】采用符号方法和函数方法对图像做代数运算，比较运算结果。代码如下。

```
import cv2
import numpy as np
im=cv2.imread('cat.jpg',0);
cv2.imshow("input",im)
mask = np.ones(im.shape,dtype=np.uint8)
mask = mask*100
result0 = im+mask
result1 = cv2.add(im,mask)
cv2.imshow("symbol way",result0)
cv2.imshow("function way",result1)
cv2.waitKey(0)
```

代码运行结果如图 3.4 所示。

（a）pack 方式

（b）place 方式

（c）grid 方式

图 3.4 【例 3.2】运行结果

3. 逻辑运算

逻辑运算是指对两幅或多幅图像的对应像素做逻辑与、或、异或、非等运算。

常规逻辑运算的形式是按位运算的。如果图像数据类型是 8 位整数，则要进行逻辑运算：首先要将整数转换为 8 位的二进制数；再对 8 位二进制数按位进行逻辑运算；最后再将结果转换为 8 位整数。两个像素值的逻辑运算过程如表 3.3 所示。

表 3.3　像素值的逻辑运算过程

数　值	十 进 制 值	二 进 制 值
数值 1	198	1100 0110
数值 2	219	1101 1011
与运算	194	1100 0010
或运算	223	1101 1111
异或运算	29	0001 1101
非运算（数值 1）	57	0011 1001

逻辑运算的一个典型应用是掩模。在图像处理过程中，经常会使用特定的图像全局或局部地对待处理图像进行遮挡，以控制图像处理的区域或处理过程，此处用于覆盖的特定图像被称为掩模，也称掩码。

掩模在 OpenCV 中非常普遍，如 add(src1,src2,mask)函数中 mask 指的就是掩模。掩模的实现采用了逻辑与运算的原理，即原图像与 0 进行逻辑与运算，结果是 0，与 1 进行与运算，结果为原图像值。于是，只要设置好值为 0 和 255 的掩码，就能够达到遮挡部分区域的效果。

【例 3.3】读取灰度图 lena.jpg，为图像加上掩模，只显示头部区域。代码如下。

```
import cv2
import numpy as np
i=cv2.imread('cat.jpg',0);
cv2.imshow("input",i)
mask = np.zeros(i.shape,dtype=np.uint8)
mask[50:150,50:150]=255
cv2.imshow("mask",mask)
newi = cv2.bitwise_and(i,mask)
cv2.imshow("result",newi)
cv2.waitKey(0)
```

下面对代码进行分析。以灰度图方式读取图像后，使用 zeros()函数新建一个形状与类型和原图像一样的全 0 数组，并设置数组的中心区域值为 255，即二进制数 11111111。OpenCV 的 bitwise_and()函数用于进行图像之间的逻辑与操作。案例处理过程与运行结果如图 3.5 所示。

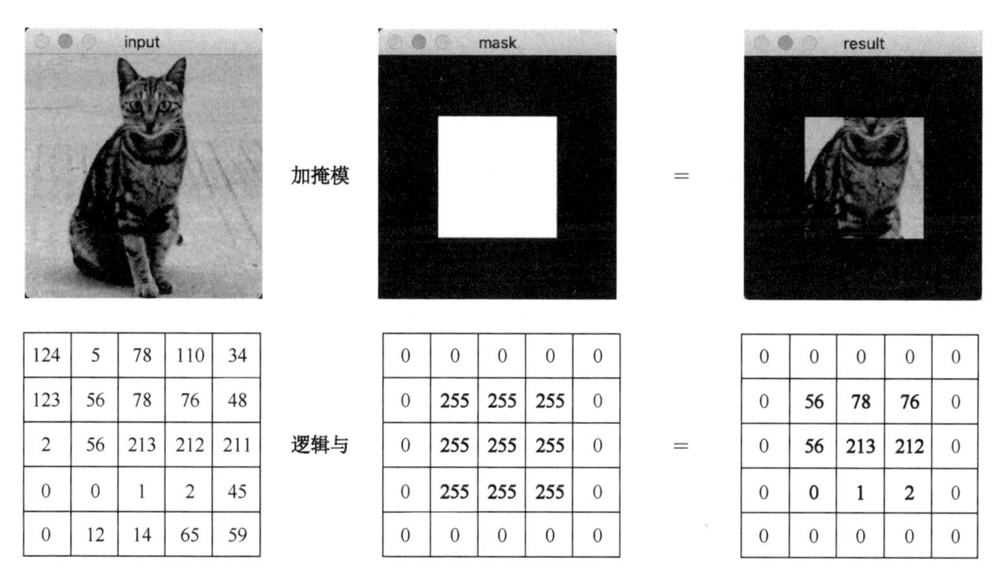

图 3.5 【例 3.3】处理过程和运行结果

4. 几何运算

几何运算也称几何变换。相较于前面不会改变像素位置的运算类型，几何运算是一类能够实现像素坐标变换的运算。图像的几何运算主要有缩放、翻转、平移、仿射等类型。OpenCV 提供的主要几何运算函数如表 3.4 所示。

表 3.4 OpenCV 提供的主要几何变换函数

类 型	描 述
缩放	resize(src,dsize[,dst[,fx[,fy[,interpolation]]]])→dst 其中，dst 是结果图像；src 是原始图像；dsize 是结果图像大小，如(100,100)；fx 是设置水平缩放比例；fy 是设置垂直缩放比例；Interpolation 是插值方式，用于选择在缩放过程中对无法映射的像素赋值的方式，在实际使用时可以不用特意去设置，使用默认方式即可。图像大小和缩放比例这两个参数不能同时使用，如使用缩放比例，dsize 参数需要设置为 None。 示例语句：dst=cv2.resize(src,(100,100))

续表

类　型	描　述
翻转	flip(src,flipCode[,dst])→dst 其中，dst 是结果图像；src 是原始图像；filpCode 是旋转类型，设置为 0 是绕着 x 轴翻转，正数如 1、2 等是绕着 y 轴翻转，负数如-1、-2 等是绕着 x 轴和 y 轴翻转。 示例语句：dst=cv2.flip(src,1)
仿射	warpAffine(src,M,dsize[,dst[,flags[,borderMode[,borderValue]]]])→dst 其中，dst 是结果图像；src 是原始图像；M 代表一个 2×3 的变换矩阵，通过使用不同的变换矩阵，就能实现不同的变换功能；dsize 是结果图像的尺寸大小。仿射变换通过一系列变换的复合实现，能够完成平移、缩放、翻转、旋转和剪切等几何变换。 示例语句：dst=cv2.warpAffine(src,M,(200,200))

根据表 3.4 中的函数介绍，可以发现常用的几何运算都可以通过 warpAffine()函数实现，主要区别在于变换矩阵 **M** 。那么 **M** 是如何确定的呢？

以平移为例，设原始图像为 src(x,y)，结果图像为 dst(x,y)，x 和 y 代表像素的 x 坐标值和 y 坐标值，要实现 x 轴右移 50，y 轴下移 100，结果图像的每个像素的 x 坐标加 50，y 坐标要加 100，结果图像与原始图像的关系为

$$\mathrm{dst}(x,y)=\mathrm{src}(x+50,y+100)$$

M 与像素的映射规则为：

$$\mathrm{dst}(x,y)=\mathrm{src}(M_{00}x+M_{01}y+M_{02},M_{10}x+M_{11}y+M_{12})$$

根据平移关系补充映射规则，即

$$\mathrm{dst}(x,y)=\mathrm{src}(1\cdot x+0\cdot y+50,0\cdot x+1\cdot y+100)$$

于是得到 **M** 为

$$\mathbf{M}=\begin{bmatrix}1 & 0 & 50\\0 & 1 & 100\end{bmatrix}$$

将平移量 50 和 100 分别换成变量 x 和 y，平移变换矩阵变为

$$\mathbf{M}=\begin{bmatrix}1 & 0 & x\\0 & 1 & y\end{bmatrix}$$

得到平移矩阵 **M** 后，通过设置 x 和 y 值，即可根据需要进行平移变换。

【例 3.4】读取灰度图 lena.jpg，使用平移矩阵对图像做简单平移操作。代码如下。

```
import cv2
import numpy as np
im = cv2.imread("cat.jpg")
shape = im.shape[:2]
x=100
y=30
M = np.array([[1,0,x],[0,1,y]],dtype=np.float32)
dst = cv2.warpAffine(im,M,shape)
cv2.imshow("translation",dst)
cv2.waitKey(0)
```

代码运行结果如图 3.6 所示。

图 3.6 【例 3.4】运行结果

其他变换矩阵不再一一推导。常用变换矩阵如表 3.5 所示。

表 3.5 常用变换矩阵

变换类型	变换矩阵
平移	横坐标平移 x，纵坐标平移 y： $\mathbf{M}=\begin{bmatrix}1 & 0 & x\\0 & 1 & y\end{bmatrix}$
缩放	横坐标缩放到 w，纵坐标缩放到 h： $\mathbf{M}=\begin{bmatrix}w & 0 & 0\\0 & h & 0\end{bmatrix}$
旋转	围绕原点顺时针旋转 θ： $\mathbf{M}=\begin{bmatrix}\cos\theta & \sin\theta & 0\\-\sin\theta & \cos\theta & 0\end{bmatrix}$

续表

变换类型	变换矩阵
翻转	绕 x 轴翻转：$\mathbf{M}=\begin{bmatrix}1 & 0 & 0\\0 & -1 & 0\end{bmatrix}$ 绕 y 轴翻转：$\mathbf{M}=\begin{bmatrix}-1 & 0 & 0\\0 & 1 & 0\end{bmatrix}$ 绕 x 轴和 y 轴翻转：$\mathbf{M}=\begin{bmatrix}-1 & 0 & 0\\0 & -1 & 0\end{bmatrix}$
切变	x 方向切变 a 距离：$\mathbf{M}=\begin{bmatrix}1 & a & 0\\0 & 1 & 0\end{bmatrix}$ y 方向切变 b 距离：$\mathbf{M}=\begin{bmatrix}0 & 1 & 0\\1 & b & 0\end{bmatrix}$

3.1.2　基本绘图

图像是以数组的形式存储的数组中的值代表图像某个像素点的像素值，只要能对数组的值进行操作，就可以实现绘图。OpenCV 提供了封装好的绘图函数，不需要关心如何修改像素值，直接调用就可以绘制图形，包括直线、矩形、多边形、圆、椭圆、文字等。部分绘图函数如表 3.6 所示。

表 3.6　部分绘图函数

函　　数	描　　述
line()	画直线
arrowedLine()	画带箭头的直线
rectangle()	画矩形
circle()	画圆形
ellipse()	画椭圆
putText()	输入文字

【例 3.5】新建一个 400×400 尺寸的黑色画板，在画板上进行基本绘图。代码如下。

```
import cv2
import numpy as np
#新建画板
```

```
canvas = np.zeros((400,400,3),dtype="uint8")
#绘制直线
green = (0,255,0)
cv2.line(canvas,(0,0),(400,400),green)
cv2.imshow("Canvas",canvas)
cv2.waitKey(0)
#绘制直线
red = (0,0,255)
cv2.line(canvas,(300,0),(0,300),red,3)
cv2.imshow("Canvas",canvas)
cv2.waitKey(0)
#绘制矩形
white=(255,255,255)
cv2.rectangle(canvas,(50,100),(350,325),white,5)#
cv2.imshow("Canvas",canvas)
cv2.waitKey(0)
#输入文字
cv2.putText(canvas,"OpenCV",(60,200),cv2.FONT_HERSHEY_COMPLEX,2,whi
te)
cv2.imshow("Canvas",canvas)
cv2.waitKey(0)
```

代码运行结果如图 3.7 所示。

图 3.7 【例 3.5】运行结果

3.1.3　图像滤镜

1. 模板的概念

在图像的几何变换过程中，warpAffine()函数使用变换矩阵 **M** 对原图像的坐标位置进行操作，实现了缩放、翻转、平移、仿射等几何变换。这在图像处理中属于典型的使用模板处理图像的方法，给图像加滤镜的卷积运算也属于这类方法，只是使用模板的运算规则 $f()$ 不一样。模板处理图像的基本过程如图 3.8 所示。

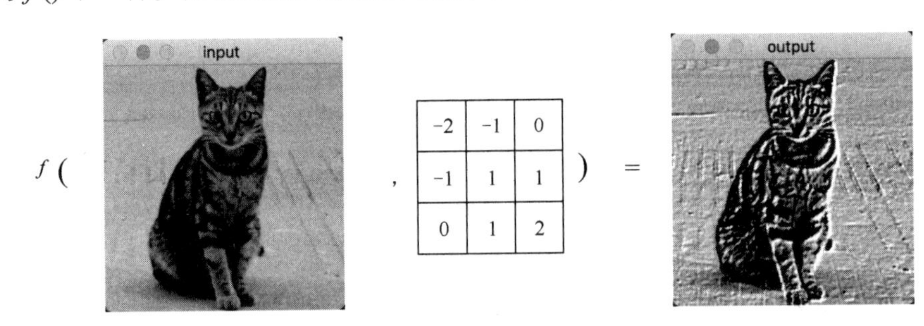

图 3.8　模板处理图形的基本过程

2. 卷积核和卷积运算

滤镜变换的模板是一个单通道浮点矩阵，被称为卷积核，相应的计算规则被称为卷积运算。

卷积运算是一种加权求和的过程，将卷积核在输入图像中移动，每到一个新像素点，就把输入图像与卷积核的定义域相交的元素进行乘积并且求和，得出新图像对应像素点的值。像素点卷积运算过程如图 3.9 所示。

在移动卷积核的过程中，有“步幅”的概念，用于指定卷积核在输入矩阵上的移动幅度，如步幅为 1，每次移动 1 位，步幅为 n，则每次移动 n 位。卷积核移动过程如图 3.10 所示。

“边界问题”是卷积运算过程中需要解决的问题。在做卷积处理时，图片的边缘像素点无法覆盖到，如使用 3×3 卷积核时，就有 1 个像素的边缘没有被处理，使用 5×5 的卷积核，就有 2 个像素的边缘不能被处理。解决边界问题的一个有效的办法是边缘填补，主要填补方法如表 3.7 所示。

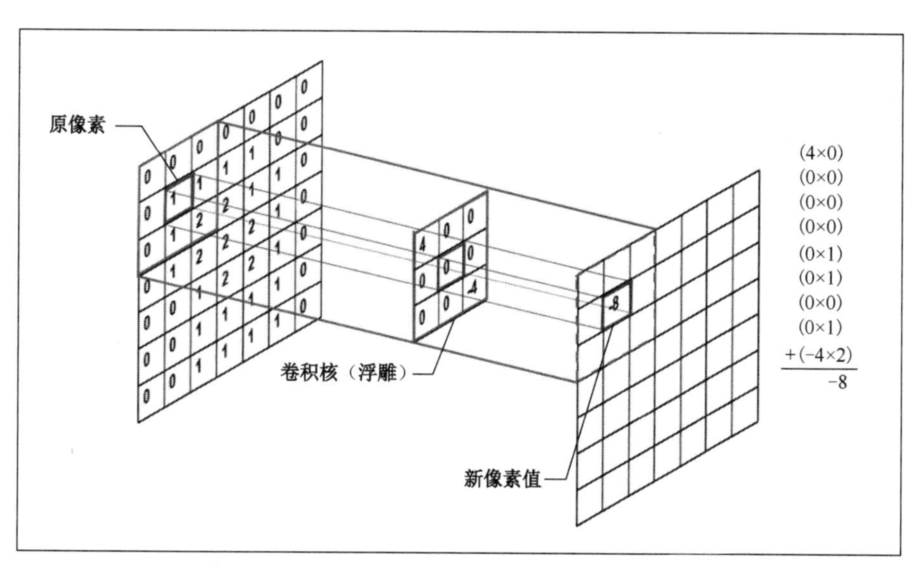

图 3.9　像素点卷积运算过程

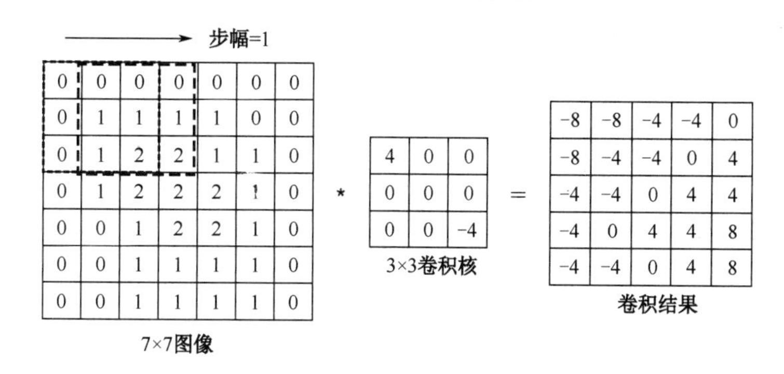

图 3.10　卷积核移动过程

表 3.7　边缘填补方法

填 补 方 法	描　　述
cv2.BORDER_DEFAULT	边界默认。这是 OpenCV 默认的方法，自动填充图像边界，效果像是映像一样
cv2.BORDER_CONSTANT	边界常数。这种方法用常数填充边界，如 0 或 255
cv2.BORDER_REPLICATE	边界复制。这种方法用已知的边缘像素值填充边界
cv2.BORDER_WRAP	边界包装。这种方法用另外一边的像素值来补偿填充

卷积运算可以产生 Photoshop 等图像处理软件中的各种滤镜效果，如模糊、锐化、轮廓、浮雕等。下面将常用的滤镜卷积核汇总如表 3.8 所示，在后续的实现过程中，将会使用这些卷积核。

表 3.8　常用滤镜卷积核

滤　镜	卷 积 核
模糊（blur）	消除相邻像素之间的差异：$\begin{bmatrix} 0.0625 & 0.125 & 0.0625 \\ 0.125 & 0.25 & 0.125 \\ 0.0625 & 0.125 & 0.0625 \end{bmatrix}$
边缘（edge）	水平方向边缘检测：$\begin{bmatrix} 0 & -1 & 0 \\ 0 & 2 & 0 \\ 0 & -1 & 0 \end{bmatrix}$
浮雕（emboss）	呈现一种 3D 阴影效果：$\begin{bmatrix} -2 & -1 & 0 \\ -1 & 1 & 1 \\ 0 & 1 & 2 \end{bmatrix}$
轮廓（outline）	突显像素值大的差异：$\begin{bmatrix} -1 & -1 & -1 \\ -1 & 8 & -1 \\ -1 & -1 & -1 \end{bmatrix}$
锐化（sharpen）	强化图像的边缘：$\begin{bmatrix} -1 & -1 & -1 \\ -1 & 9 & -1 \\ -1 & -1 & -1 \end{bmatrix}$

3.2　任务内容

3.2.1　任务分析

滤镜小程序主要使用图像处理中的卷积运算，通过窗口的界面交互功能，实现不同滤镜之间的灵活切换。由于窗口交互是 OpenCV 的弱项，因此要实现界面交互，可以借助 Python 的 GUI(Graphical User Interface，图形用户界面)编程库，如 Tkinter、wxPython、PyGTK 等。Tkinter 是内嵌在 Python 3 中的轻量级 GUI 工具库，也是本次任务采用的

GUI 开发工具库。滤镜功能的实现依赖卷积核，在前面卷积核的介绍中，已经整理出了常用的滤镜卷积核，通过使用不同的卷积核进行卷积运算，即可观察不同的滤镜效果。

3.2.2 任务过程分解

滤镜小程序的实现过程包括界面设计、功能绑定、滤镜实现 3 部分，如图 3.11 所示。首先使用 Tkinter 进行界面设计，规划左边的控制区域和右边的图像显示区域。左边的控制区域包括图像选择按钮、各种滤镜切换按钮。然后将各个滤镜效果的响应函数绑定到功能按钮上。最后完成各个滤镜效果响应函数的代码编写。滤镜程序的界面区域划分如图 3.12 所示。

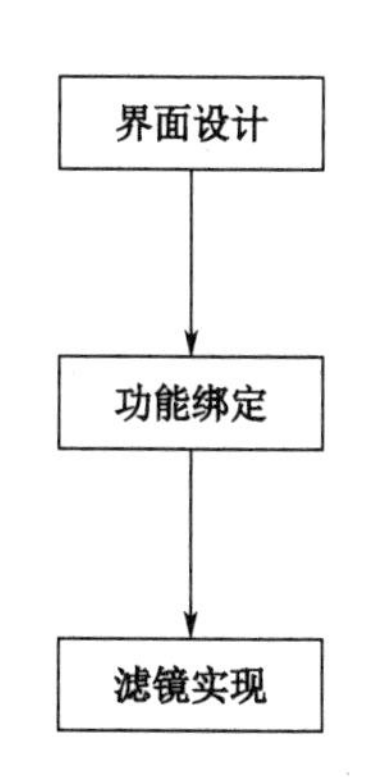

图 3.11 滤镜程序实现过程

图 3.12 滤镜程序的界面区域划分

3.2.3 函数语法

1. 卷积函数

OpenCV 的 filter2D()函数支持自定义卷积核对图像进行卷积变换。该函数支持任意卷积核的卷积运用，呈现模糊、锐化、浮雕等滤镜效果。filter2D()函数的语法格式如下。

```
filter2D(src,ddepth,kernel[,dst[,anchor[,delta[,borderType]]]])→
dst
```

其中，dst 是结果图像；src 是原始图像；ddepth 是结果图像的深度，设置为-1，表示图像深度与原始图像一致；kernel 是卷积核；borderType 是边缘补充方式，OpenCV 默认使用 cv2.BORDER_DEFAULT 方式。实现的浮雕滤镜的示例代码如下。

```
kernel = np.array((
        [-2,-1,0],
        [-1,1,1],
        [0,1,2]), dtype="float32")
dst = cv2.filter2D(src, -1, kernel)
```

2. Tkinter 的基本使用

Tkinter 是 Python 的标准 GUI 库。Python 使用 Tkinter 可以快速地创建 GUI 应用程序。Python 3.x 使用的库名为 tkinter，使用之前直接 import tkinter 即可。

创建 Tkinter 的 GUI 程序的过程很简单，分别为导入 Tkinter 模块、创建控件、绑定响应函数。

创建简单窗口的代码如下。

```
import tkinter
top = tkinter.Tk()
#创建控件_代码……
#绑定控件响应程序_代码……
#进入消息循环_代码……
top.mainloop()
```

为了体现代码的可读性和编程规范性，本次任务采用类封装的方式进行 GUI 设计。

（1）导入包、创建界面类。代码如下。

```
import tkinter

class Application(tkinter.Frame):
    def __init__(self, master=None):
        tkinter.Frame.__init__(self, master)
```

```
        self.pack()
if __name__=='__main__':
    app = Application()
    app.mainloop()
```

（2）在 Application 类中添加窗口初始化函数 window_init()，用于初始化窗口参数，如窗口标题、界面尺寸等。完成后在__init__()函数中调用。代码如下。

```
def window_init(self):
    self.master.title('滤镜小程序')
    self.carmela_hight = 300
    self.carmela_width = 500
    self.master.bg = 'white'
    width, height = (self.carmela_width, self.carmela_hight)
    self.master.geometry("{}x{}".format(width, height))
```

（3）在 Application 类中添加函数 createWidgets()，用于控件布局。完成编写后，在__init__()函数中调用。代码如下。

```
def createWidgets(self):
    """
    GUI编程，为程序配置好界面控件
    """
    # fm1
    self.fm1 = Frame(self,bg='white')
    self.fm1_top = Frame(self.fm1)
    self.fm1_bottom = Frame(self.fm1)
    # 显示路径输入框初始化及放置(禁止写入)
    Img_Path_Text = tkinter.Entry(self.fm1_top,
textvariable=self.String_var, borderwidth=1, state=tkinter.DISABLED)
    Img_Path_Text.pack(side='left')
    # 显示图片选择按钮
    Img_Path_Button = tkinter.Button(self.fm1_top, text='选择',
command=self.AskPicture)
    Img_Path_Button.pack(side='right')
    # 显示轮廓按钮
    Outline_Button = tkinter.Button(self.fm1_bottom, text='轮廓',
command=self.outlinePicture)
    Outline_Button.pack(side='left')
```

```
        # 显示锐化按钮
        Sharpen_Button = tkinter.Button(self.fm1_bottom, text='锐化',
command=self.sharpenPicture)
        Sharpen_Button.pack(side='left')
        # 显示浮雕按钮
        Emboss_Button = tkinter.Button(self.fm1_bottom, text='浮雕',
command=self.embossPicture)
        Emboss_Button.pack(side='left')

        self.fm1_top.pack(side=tkinter.TOP)
        self.fm1_bottom.pack(side=tkinter.BOTTOM)
        self.fm1.pack(side=tkinter.LEFT)

        #fm2
        self.fm2 = Frame(self)
        #显示图片控件
        self.Source_Img_Label = tkinter.Label(self.fm2, bg='white',
image=None, width=200, height=200)
        self.Source_Img_Label.image = None
        self.Source_Img_Label.pack(side='right')
        self.fm2.pack(side=tkinter.LEFT)
```

Tkinter 用于布局的容器控件有 Frame、Canvas 等，此处使用的是 Frame，可以嵌套使用。其他控件包括 Label、Listbox、Entry、Button 等，需要放置在特定的容器组件中。在布局管理方面，Tkinter 主要提供了 pack、place、grid 三种方式。三者的区别如表 3.9 所示。

表 3.9 Tkinter 布局管理方法

组织方式	描述
包装方式（pack）	相对布局方式，不需要指定具体位置，直接使用 RIGHT、LEFT、TOP、BOTTOM 来放置控件
位置方式（place）	绝对布局方式，所有的控件都可以使用 place(x,y)函数来放置，x 和 y 是控件相对左上角原点的位置
网格方式（grid）	表格布局方式，用于呈现方格块的布局效果。相比 pack 的单方向流式布局，grid 使用一个行列结构来定位每一个位置块；相比 place 的固定位置，grid 可以使用内外边距

pack、place、grid 三种方式的布局效果如图 3.13 所示。

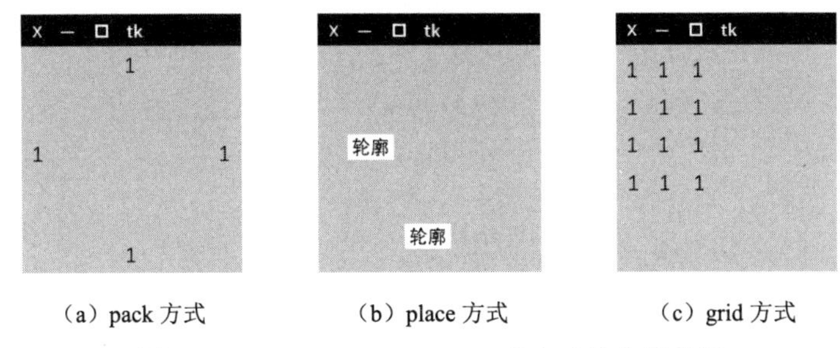

（a）pack 方式　　（b）place 方式　　（c）grid 方式

图 3.13　pack、place、grid 三种方式的布局效果

本任务代码中使用的是 pack 方式，首先创建两个框架组件 fm1 和 fm2，将 fm1 和 fm2 按照先后顺序放置于同一排的语句分别为

```
self.fm1.pack(side=tkinter.LEFT)
self.fm2.pack(side=tkinter.LEFT)
```

随后，创建 Entry、Button 等控件，通过 pack()函数将控件放置到 fm1 的相应区域。创建图像 Label，通过 pack()函数将控件放置到 fm2 的相应区域。Button 控件通过 command 属性绑定响应函数，处理用户交互操作。

3.3 编程实现

滤镜小程序的全部代码如下。

```
import os
import tkinter
import cv2
from PIL import Image,ImageTk
from tkinter import filedialog
from tkinter import Frame
import numpy as np
```

```
class Application(Frame):
    #构造函数
    def __init__(self, master=None):
        #定义实例变量：窗口宽度、高度，图像控件对象，读取读写路径
        self.carmela_hight = 300
        self.carmela_width = 500
        self.Source_Img_Label = None
        self.Source_Img = None
        self.py_path = os.path.abspath(os.path.dirname(__file__))
        # 初始化窗口
        Frame.__init__(self, master, bg='white')
        self.pack(expand=tkinter.YES, fill=tkinter.BOTH)
        self.window_init()
        #初始化文件路径缓存对象
        self.String_var = tkinter.StringVar()
        #初始化按钮等控件的配置
        self.createWidgets()

    def window_init(self):
        #初始化窗口名称、背景颜色、高宽等
        self.master.title('滤镜小程序')
        self.master.bg = 'white'
        width, height = (self.carmela_width,self.carmela_hight)
        self.master.geometry("{}x{}".format(width, height))

    def createWidgets(self):
        """
        GUI编程，为程序配置好界面控件
        """
        # fm1
        self.fm1 = Frame(self,bg='white')
        self.fm1_top = Frame(self.fm1)
        self.fm1_bottom = Frame(self.fm1)
        # 显示路径输入框初始化及放置(禁止写入)
        Img_Path_Text = tkinter.Entry(self.fm1_top, textvariable=
self.String_var, borderwidth=1, state=tkinter.DISABLED)
        Img_Path_Text.pack(side='left')
        # 显示图片选择按钮
```

```
        Img_Path_Button = tkinter.Button(self.fm1_top, text='选择',
command=self.AskPicture)
        Img_Path_Button.pack(side='right')
        # 显示轮廓按钮
        Outline_Button = tkinter.Button(self.fm1_bottom, text='轮廓',
command=self.outlinePicture)
        Outline_Button.pack(side='left')
        # 显示锐化按钮
        Sharpen_Button = tkinter.Button(self.fm1_bottom, text='锐化',
command=self.sharpenPicture)
        Sharpen_Button.pack(side='left')
        # 显示浮雕按钮
        Emboss_Button = tkinter.Button(self.fm1_bottom, text='浮雕',
command=self.embossPicture)
        Emboss_Button.pack(side='left')

        self.fm1_top.pack(side=tkinter.TOP)
        self.fm1_bottom.pack(side=tkinter.BOTTOM)
        self.fm1.pack(side=tkinter.LEFT)

        #fm2
        self.fm2 = Frame(self)
        #显示图片控件
        self.Source_Img_Label = tkinter.Label(self.fm2, bg='white',
image=None, width=200, height=200)
        self.Source_Img_Label.image = None
        self.Source_Img_Label.pack(side='right')
        self.fm2.pack(side=tkinter.LEFT)

    def CvtPIL(self,srcImg):
        """
        在tkinter中显示图像
        :param srcImg:OpenCV处理后的图像
        """
        # 图片格式转换，转换为Pillow的通道顺序
        Rgb_Img = cv2.cvtColor(srcImg, cv2.COLOR_BGR2RGB)
        #读取数组
        Rgb_Img = Image.fromarray(Rgb_Img)
```

```
        #转换为兼容tkinter的照片图像
        Rgb_Img = ImageTk.PhotoImage(Rgb_Img)
        #显示在图像控件中
        self.Source_Img_Label.configure(image=Rgb_Img)
        self.Source_Img_Label.image = Rgb_Img

    def AskPicture(self):
        """
        图像选择按钮的响应函数
        :return:如果路径不对，关闭退出
        """
        # 图片路径获取
        Picture_Path = filedialog.askopenfilename()
        # 在Img_Path_Text中显示图片路径
        self.String_var.set(Picture_Path)
        # 通过opencv读取图片参数
        self.Source_Img = cv2.imread(Picture_Path)
        # 检测输入的是否确实为图片
        if (self.Source_Img is None):
            self.String_var.set('文件选择错误')
            return
        # 显示图片
        Rgb_Img = self.CvtPIL(self.Source_Img)

    def outlinePicture(self):
        """
        轮廓按钮响应函数
        :return:如果路径不对，关闭退出
        """
        if (self.Source_Img is None):
            self.String_var.set('文件选择错误')
            return
            # 检测是否是第一次输入图片
        kernel = np.array(([-1,-1,-1],
                           [-1,8,-1],
                           [-1,-1,-1]), dtype="float32")
        dstimg = cv2.filter2D(self.Source_Img, -1, kernel)
        Rgb_Img = self.CvtPIL(dstimg)
```

```
    def embossPicture(self):
        """
        浮雕按钮响应函数
        :return:如果路径不对，关闭退出
        """
        if (self.Source_Img is None):
            self.String_var.set('文件选择错误')
            return
            # 检测是否是第一次输入图片
        kernel = np.array((
                 [-2,-1,0],
                 [-1,1,1],
                 [0,1,2]),dtype="float32")
        dstimg = cv2.filter2D(self.Source_Img,-1,kernel)
        Rgb_Img = self.CvtPIL(dstimg)

    def sharpenPicture(self):
        """
        锐化按钮响应函数
        :return:如果路径不对，关闭退出
        """
        if (self.Source_Img is None):
            self.String_var.set('文件选择错误')
            return
            # 检测是否是第一次输入图片
        kernel = np.array((
                 [-1,-1,-1],
                 [-1,9,-1],
                 [-1,-1,-1]),dtype="float32")
        dstimg=cv2.filter2D(self.Source_Img,-1,kernel)
        Rgb_Img=self.CvtPIL(dstimg)

if__name__=='__main__':
    app=Application()
    # to do
    app.mainloop()
```

代码运行后，在交互界面选择图片文件 lena.jpg，单击不同的滤镜操作按钮，呈现的轮廓、锐化、浮雕滤镜效果分别如图 3.14、图 3.15、图 3.16 所示。

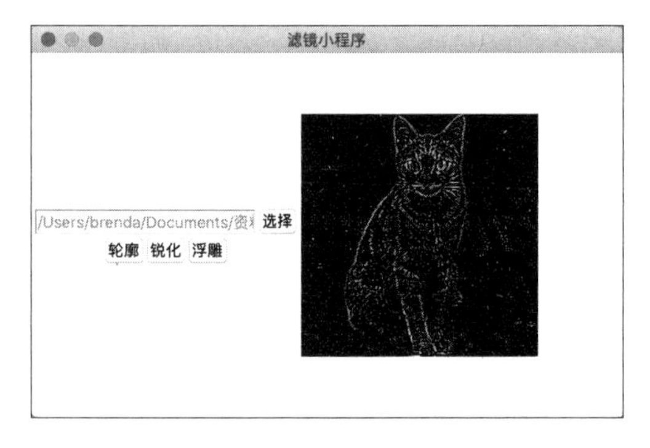

图 3.14　轮廓滤镜效果

图 3.15　锐化滤镜效果

图 3.16　浮雕滤镜效果

任务总结

✓ 点运算是针对输入图像像素点的计算，是一种逐点计算的计算方式，即输入图像的像素点之间不会产生计算关系。

✓ 代数运算是指对两幅或多幅图像的对应像素做加、减、乘、除等运算。代数运算可以使用符号方法“+”“-”“*”“/”，或函数方法 add()、subtract()、multiply()、divide()进行。符号方法和函数方法在处理超饱和值的时候，规则并不一样。

✓ 逻辑运算是指对两幅或多幅图像的对应像素做逻辑与、或、异或、非等运算。

✓ 几何运算也称几何变换，相较于前面不会改变像素位置的运算类型，几何运算是一类能够实现像素坐标变换的运算。图像的几何运算主要有缩放、翻转、平移、仿射等类型。

✓ 滤镜变换的模板是一个单通道浮点矩阵，被称为卷积核，相应的计算规则被称为卷积运算。

✓ “边界问题”是卷积运算过程中需要解决的问题。在做卷积处理时，图片的边缘像素点无法覆盖到，解决边界问题的一个有效的办法是边缘填补。

✓ Tkinter 是 Python 的标准 GUI 库。Python 使用 Tkinter 可以快速地创建 GUI 应用程序。Python 3.x 使用的库名为 tkinter，使用之前直接 import tkinter 即可。

思考和拓展

本次任务的处理方式同样适用于处理图像的逻辑运算和几何变换，尝试使用相同的方式观察代数运算、逻辑运算和几何变换的不同效果。

第 4 章

摄像头的夜视功能

任务背景

由于夜晚光线不足，摄像头拍摄画面的对比度会降低，颜色也可能失真或退化，暗区中的目标会变得模糊而难以识别，黑暗中的目标会被覆盖而难以追踪。为了提高辨识度，常规做法是补充额外的光源，如应用于车牌识别、户外监控等系统的补光设备。

本章任务将围绕视觉系统的夜视能力，对图像增强技术进行讨论，并使用直方图技术增强夜间图像的细节信息，提升夜间摄像头拍摄画面的清晰度。

学习重点

- 图像增强。
- 直方图算法。

任务单

4.1 学习图像增强的基础知识。

4.2 明确任务原理。

4.3 编程实现。

4.1 图像增强的基础知识

在实际图像分析处理过程中，采集到的图像往往因为质量问题不能直接用于分析。导致图像质量低的因素有很多，如光照度不足、恶劣天气造成的细节覆盖、传输过程中的噪声污染等。这些因素会导致计算机视觉系统无法正常工作，如户外监控、车牌识别道闸系统等。因此，从低质量图像中复原和增强内容的细节信息具有重要的现实意义。

4.1.1 图像增强

在分析图像之前，图像增强技术被用于提高图像的清晰度。图像增强的目标是改善图像的视觉效果，将原来不清晰的图像变得清晰或强调某些感兴趣的特征，改善图像质量、丰富信息量，以加强后期图像判读和识别的效果，达到后继分析处理的质量要求。图像增强主要解决以下问题。

（1）图像特别暗导致细节不明显。

（2）曝光太亮导致目标不突出。

（3）雾霾天气导致图像对比度低、色彩退化。

（4）采集设备的噪声污染导致图像特征不明显。

图像增强技术已经广泛应用于人类生活和社会生产的各个方面，如航空航天领域、生物医学领域、工业生产领域、公共安全领域等。根据处理空间的不同，图像增强的方法可分为两大类：空域法和频域法，如图 4.1 所示。

频域法是一种通过将图像变换成频域信号并修改以实现图像增强的方法。变换算法有傅里叶变换、小波变换等。频域法又可分为低通滤波法和高通滤波法。低通滤波法可用于去除噪声，高通滤波法则可增强边缘等高频信号，使模糊的图片变得清晰。

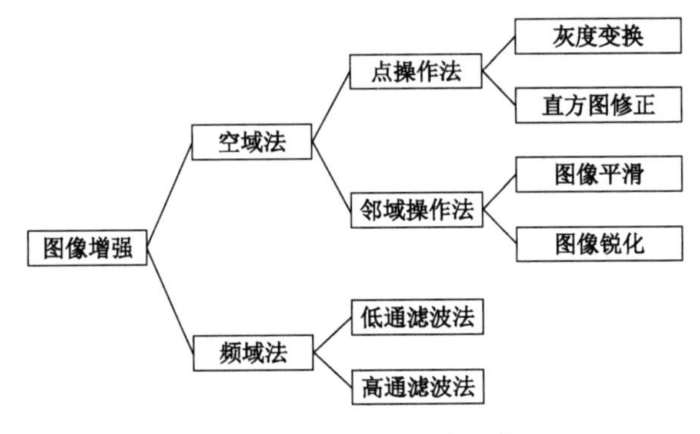

图 4.1　图像增强方法分类

空域法是直接处理图像中像素的方法。相较于频域法的间接增强，空域法简单直接，应用更普遍，常见的图像对比度增强、灰度层次优化都属于空域法。根据操作内容，空域法可分为点操作法和邻域操作法。点操作法的目的是使图像成像均匀，扩大图像灰度范围，扩展图像对比度，主要有灰度变换、直方图修正等。领域操作法主要有图像平滑、图像锐化等。图像平滑用于消除图像噪声，常用算法有均值滤波、中值滤波。图像锐化用于强调边缘轮廓，常用算法有梯度法、掩模匹配法、统计差值法等。

4.1.2　直方图修正

1. 直方图

直方图是图像的基本统计特征之一，能够直观地反映图像中每种灰度级出现的频率，是图像处理过程中非常实用的统计工具。

直方图是一种基于统计学的表示方式，其制作依赖数字图像的表示方式。以单通道灰度图为例，图像通常表示为数字矩阵，矩阵的每个元素表示像素点的灰度值，如图 4.2 所示。直方图的制作可简单分为 3 步：数据分组、数据计数、数据展示。首先，对原始图像的灰度级进行分组，分组的前提是确定灰度级的范围，8 位整数表示的像素值范围为 0～255，可直接划分为 256 个灰度级或根据需要基于组距相等原则减少分组数。然后，统计每个分组的像素个数，形成支持直方图展示的数据对象，如图 4.3（a）所示。最后，使用图像工具库将数据对象展示为直方图图形，直方图的横坐标表示灰度级，纵坐标表示该灰度级出现的像素个数，如图 4.3（b）所示。

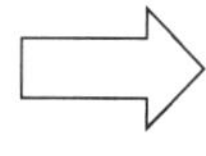

169	171	173	…	168	186	178
168	170	171	…	163	179	186
166	167	171	…	163	179	99
…	…	…	…	…	…	…
31	37	27	…	49	62	66
26	36	24	…	63	84	88
24	36	24	…	71	96	99

图 4.2　单通道灰度图的数字表示

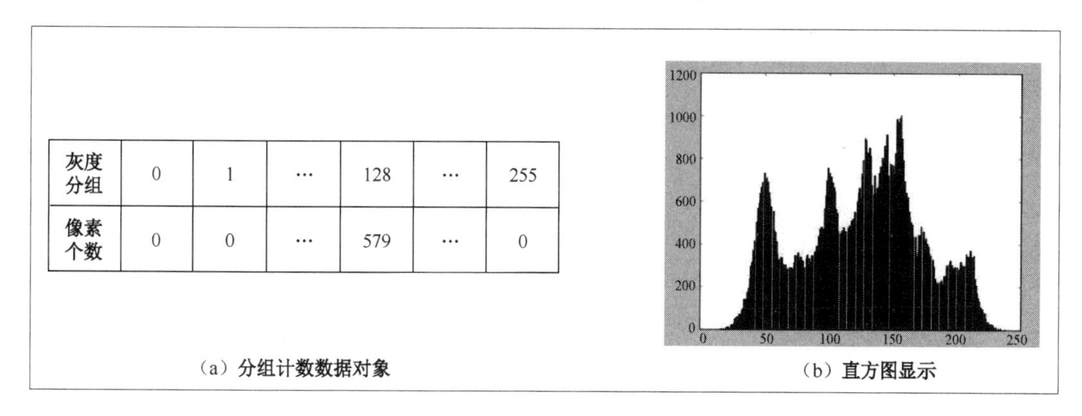

灰度分组	0	1	…	128	…	255
像素个数	0	0	…	579	…	0

（a）分组计数数据对象

（b）直方图显示

图 4.3　直方图制作过程

直方图的另一种表示方式是归一化直方图。在归一化直方图中，横坐标还是表示灰度级，纵坐标则不再表示某个灰度级的像素个数，而是灰度级出现的频率。灰度级频率的计算公式如下。

灰度级频率 = 灰度级像素个数/总像素数

根据概率公式，在一幅 200×200 的图像中，如果灰度级为 128 的像素个数为 579，则该灰度级频率为 $579/40\,000\approx0.01$。于是归一化直方图的分组计算结果可能如表 4.1 所示。

表 4.1 归一化直方图的分组结果

灰度分组	0	1	…	128	…	255
像素频率	0.00	0.00	…	0.01	…	0.00

直方图具有以下性质。

（1）直方图只反映灰度级像素数量，不反映像素的位置。

（2）一幅图像对应一个灰度直方图，一个灰度直方图可能对应多幅图像。

（3）灰度直方图具有可加性，整幅图像的直方图等于不重叠子图的直方图之和。

在图像处理中，直方图主要有以下用途。

（1）反映图像的亮度、对比度、清晰度。其用来判断一幅图像是否合理地利用了全部被允许的灰度级范围。

（2）辅助图像分割阈值的选取。如果某图像的灰度直方图具有二峰性，那么这个图像的较亮区域与较暗区域可以较好分离，取谷底作为阈值点。

2. 直方图均衡法

直方图均衡法是直方图修正方法的一种，是增强图像对比度的常用方法。其基本思想是把原始图像的灰度级分布变换为均匀分布，即通过扩展图像灰度值的动态范围达到提升图像对比度的效果。

直方图均衡化能提升对比度的理论依据是：具有均衡分布的直方图图像，其包含的信息量最大。一幅昏暗环境下拍摄的图像，其像素分布大多集中在低像素级区间，如图 4.4（a）所示。在直观感受上整幅图被黑色区域占据，难以辨识暗区目标。经过均衡化处理后，图像的像素均匀分布在 0 到 255 区间，在直观感受上呈现亮度均匀的效果，能够较好地区分图像目标，如图 4.4（b）所示。原始图像和处理后图像的直方图分别如

图 4.4（c）、（d）所示。

（a）原始摄像头采集的图像

（b）均衡化处理后的图像

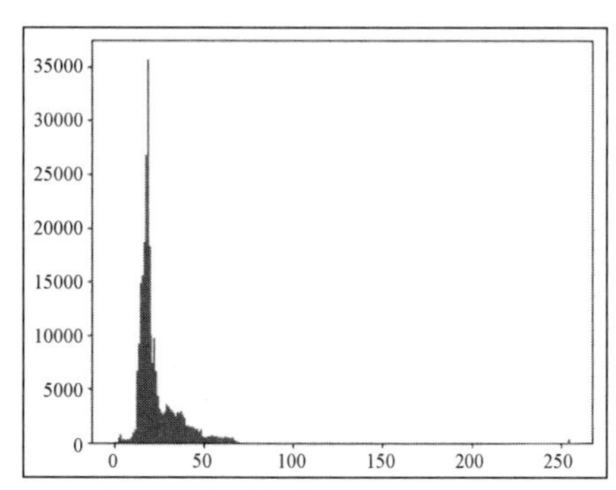

（c）原始图像的直方图

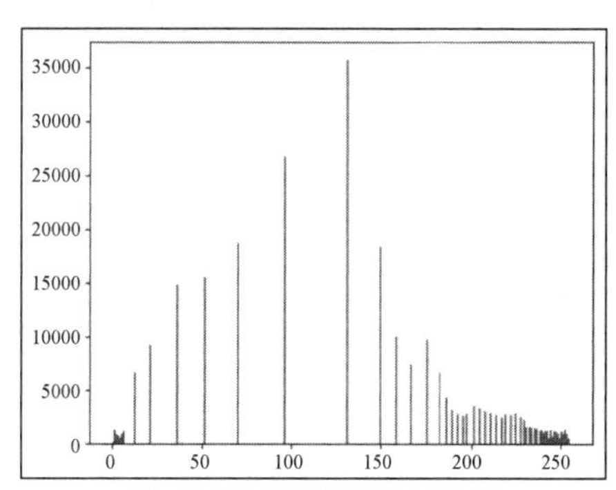

（d）均衡化处理后图像的直方图

图 4.4 均衡化处理前后视觉感受和直方图像素分布比较

直方图均衡化的主要步骤为：计算累计直方图；对直方图进行区间转换。

（1）计算累计直方图。

假设原始图像为单通道灰度图，图像灰度级范围为 0～255，尺寸为（458,564），总像素数为 258 312。计算其统计直方图如表 4.2 所示。

表 4.2 图像统计直方图

灰度级	0	1	…	20	21	…	254	255
数量	5	152	…	9 956	7 402	…	34	0
统计概率	0.00	0.00	…	0.04	0.03	…	0.00	0.00

接下来计算累计直方图，即计算每个灰度级的累计概率（当前灰度级与之前所有灰度级频率值的总和），最后一个灰度级的累计概率应该为 1。累计直方图如表 4.3 所示。

表 4.3 图像累计直方图

灰度级	0	1	…	20	21	…	254	255
数量	5	152	…	9 956	7 402	…	34	0
累计概率	0.00	0.00	…	0.63	0.65	…	1	1

（2）对直方图进行区间转换。

对直方图进行区间转换，最简单的方法是用当前灰度级的累计概率乘以最大灰度级，如此时的最大灰度级为 255，就用 255 乘以每个灰度级的累计概率，得到新的灰度级。这就是均衡化后的新灰度级。按照此方法，新的灰度级结果如表 4.4 所示。

表 4.4 新灰度级计算结果

灰度级	0	1	…	20	21	…	254	255
数量	5	152	…	9 956	7 402	…	34	0
累计概率	0.00	0.00	…	0.63	0.65		1	1
新灰度级	0	0	…	161	166	…	255	255

完成均衡化处理后，原灰度级与新灰度级之间的变化就很清晰，如新灰度级 0 对应的像素数量为原来灰度级 0 和 1 的像素数量之和，即 5+152=157；新灰度级 161 对应原灰度级 20，新灰度级 166 对应原灰度级 21，以此类推，新灰度级 255 对应原灰度级 254 和 255 的像素数量之和 34。

接下来就可以根据新灰度级与原灰度级的对应关系，逐个像素地修改像素灰度值，完成均衡化处理。处理后的视觉效果与直方图分别如图 4.4（b）和（d）所示。

3. 彩色图像均衡

单通道灰度图像可以直接使用直方图均衡法达到增强对比度的效果，但现实生活中彩色图像更常见，色彩细节承载着重要的图像信息，提升彩色图像的对比度具有很强的实用性。对于彩色图像，直方图均衡法同样可以发挥作用，目前对于彩色图像的直方图增强方法主要有以下 2 种。

（1）RGB 分量均衡法。

针对具有 3 个分量的彩色图像，最简单的方法是对 R、G、B 三幅子图像分别进行均衡化处理及合并。但这种方法有明显的缺陷，会使均衡后的图像出现严重的色彩失真现象（见图 4.5），其主要原因在于传统直方图均衡算法过度地增强了图像的亮度。因此，采用这种方法进行彩色图像直方图均衡的首要目标是增强图像对比度的同时保持图像的亮度均值。

（a）原始图像　　（b）RGB 分量均衡处理后的图像

图 4.5　原始图像和 RGB 分量均衡处理后图像

采用该方法进行均衡处理前后直方图变化如图 4.6 所示。从图中可以明显看出各个分量在进行直方图均衡处理前后发生的灰度级变化，以及图像在处理前后的直方图分布变化。

（2）基于 HSI 模型的亮度分量均衡法。

HSI 色彩空间是从人的视觉系统出发，分别用色调（H）、色饱和度（S）和亮度（I）来描述色彩。基于 HIS 模型的亮度分量均衡法是先将图像从 RGB 色彩模型转化到 HSI 色彩模型，然后对亮度分量 I 进行直方图均衡增强，最后再转换回 RGB 色彩模型。和 RGB 分量均衡方法相比，这种方法将 3 次均衡化处理减少到 1 次，但需要额外两次的色彩模型转换，并且处理后的图像也存在一定的过增强现象，如图 4.7 所示。

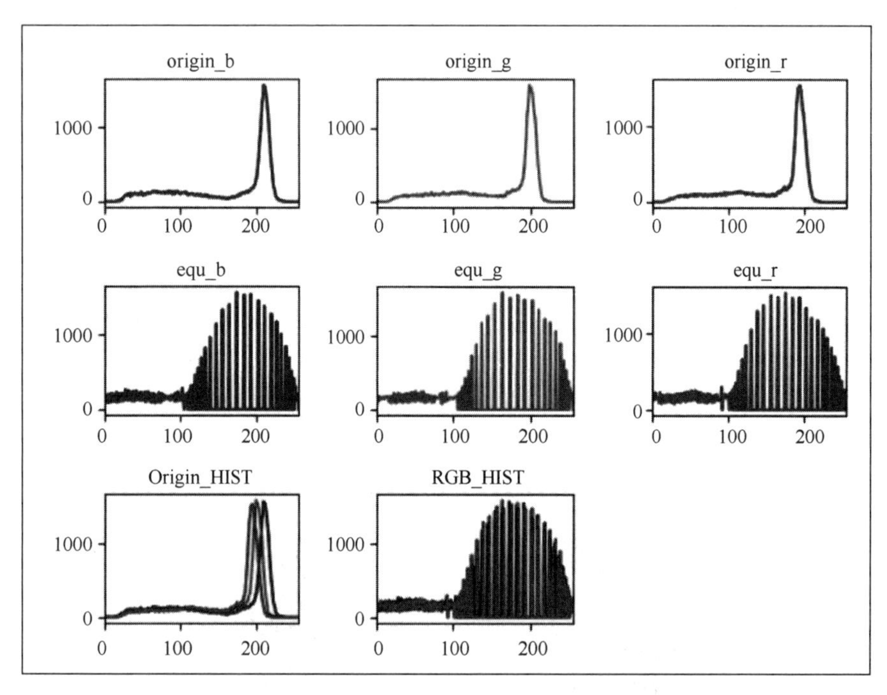

图 4.6　RGB 均衡处理前后直方图灰度分布变化情况

（a）输入原始图像　　（b）HSI 亮度分量均衡处理后的图像

图 4.7　原始图像和 HIS 亮度分量均衡处理后图像

采用基于 HIS 模型的亮度分量均衡方法进行彩色图像增强处理前后直方图变化如图 4.8 所示。从图中可以明显看出只有 I 分量的直方图布局发生了变换。

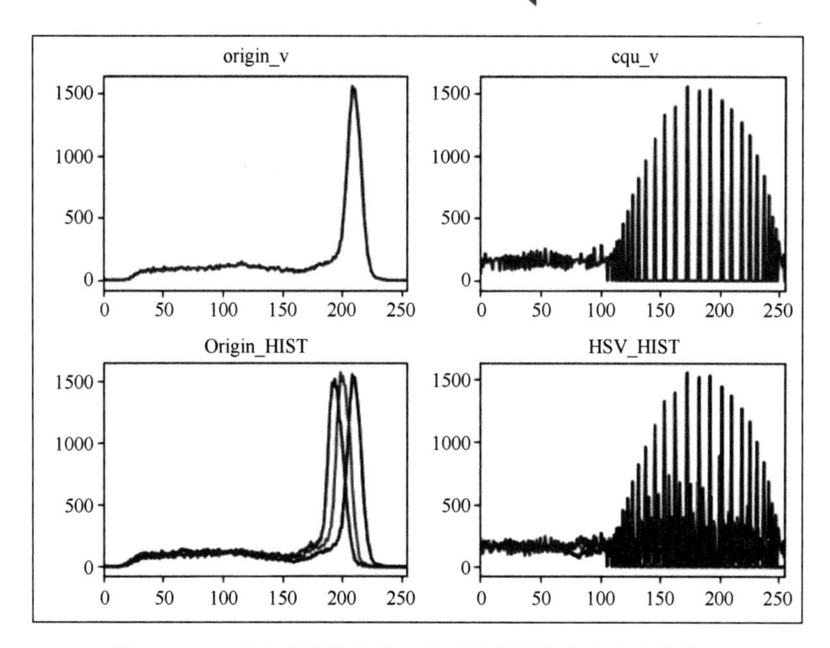

图 4.8 HIS 亮度分量均衡处理前后直方图灰度分布变化情况

4.2 任务内容

4.2.1 任务分析

本次任务的目标为提升夜拍图像的清晰度，让计算机视觉系统具备夜视能力。使用的方法是空域法中的直方图均衡法。由于直方图均衡法只能处理单通道图像，而计算机视觉系统采集的图像都是彩色的，要完成彩色图像增强任务，需要在基本的直方图均衡法基础上进行改进，使用 RGB 分量均衡方法或基于 HSI 模型的亮度分量均衡方法。本次任务要求展示直方图变换效果和图像增强效果。直方图绘图可以使用 Matplotlib 工具库，图像增强效果可以使用 OpenCV 的 imshow()函数。

4.2.2 函数语法

1. 绘制直方图

OpenCV 没有提供现成的直方图绘图方法，可以使用 Matplotlib 工具库配合绘制。Matplotlib 和 OpenCV 都支持 NumPy 的数组类型，配合使用不需要类型转换，非常方便，因而 Matplotlib 和 OpenCV 的配合使用十分常见。

（1）绘制简单图形。

Matplotlib 和 NumPy 一样，使用之前需要预先安装，安装方式与 NumPy 一样，在此不再赘述。通过“import matplotlib.pyplot as plt”语句导入模块后，即可使用 pyplot 模块绘制图形。

使用 pyplot 模块绘图的步骤简述如下

① 准备 x 轴和 y 轴的数据。

② 设置图形属性。

③ 使用 plot()函数绘图。

④ 使用 show()函数显示。

【例 4.1】使用 pyplot 模块绘制 sin$x$ 函数曲线。代码如下。

```
import numpy as np
import matplotlib.pyplot as plt
#1) 准备数据，arange函数以0.1为单位，生成0到6的数据
X=np.arange(0,6,0.1)
Y=np.sin(X)
#2) 设置属性
plt.title("sin()")
plt.xlabel("x")
plt.ylabel("y")
#3) 绘制图形
plt.plot(X,Y)
#4) 绘制图形
```

```
plt.show()
```

代码运行结果如图 4.9 所示。

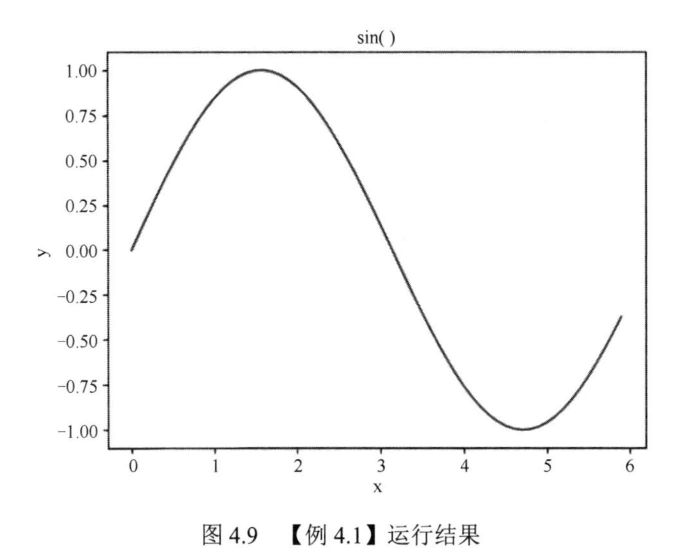

图 4.9 【例 4.1】运行结果

plot()函数支持以格式化字符的形式设置图形样式，常用的格式化字符如表 4.5 所示。

表 4.5 常用的格式化字符

样式类型	格式化字符
线条样式	实线（-）、短横线（--）、点画线（-.）、虚线（:）
标记样式	点（.）、像素（,）、圆（o）、倒三角（v）、正三角（^）、左三角（<）、右三角（>）、下箭头（1）、上箭头（2）、左箭头（3）、右箭头（4）、正方形（s）、五边形（p）、星形（*）、六边形 1（h）、六边形 2（H）、加号（+）、X（x）、菱形（D）、窄菱形（d）、竖直线（|）、水平线（_）
颜色样式	蓝色（b）、绿色（g）、红色（r）、青色（c）、品红色（m）、黄色（y）、黑色（k）、白色（w）

同样是绘制 sin*x* 函数，如果要绘制红色星号样式的曲线，语句如下。

```
plt.plot(X,Y,"r*")
```

绘制效果如图 4.10 所示。

（2）绘制子图。

使用 subplot()函数可以绘制子图，即在一个绘图区域绘制多个子图。subplot()函数的语法格式如下。

```
subplot(numRows,numCols,plotNum)
```

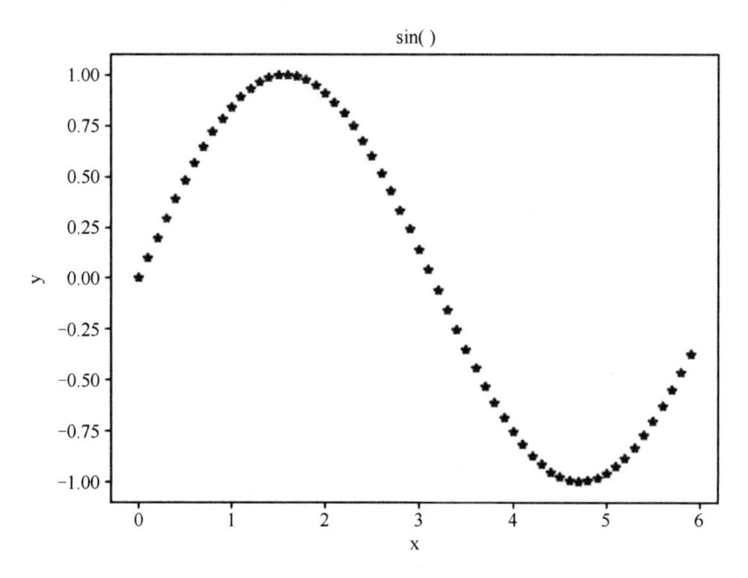

图 4.10　格式为红色星号样式的 sin$x$ 函数曲线

在绘制子图的过程中，整个绘图区域被划分成表格区域。其中，numRows 是表格的行数；numCols 是表格列数。plotNum 是表格单元区域的序列号。

例如，(2,2,1)表示划分为 2×2 的表格的第 1 个子区域，(2,2,2)表示第 2 个子区域，以此类推。

【例 4.2】在一个绘图区域分别绘制 sin$x$、cos$x$、tan$x$ 函数图形。代码如下。

```
import numpy as np
import matplotlib.pyplot as plt
#准备数据，arange函数以0.1为单位，生成0到6的数据
X=np.arange(0,6,0.1)
sinY=np.sin(X)
cosY=np.cos(X)
tanY=np.tan(X)
#在2x2，第1个位置绘制sinx图形
plt.subplot(2,2,1)
plt.title("sin()")
plt.plot(X,sinY)
#在2x2，第2个位置绘制cosx图形
```

```
plt.subplot(2,2,2)
plt.title("cos()")
plt.plot(X,cosY)
#在2x2，第3个位置绘制tanx图形
plt.subplot(2,2,3)
plt.title("tan()")
plt.plot(X,tanY)
#显示图形
plt.show()
```

代码运行结果如图 4.11 所示。

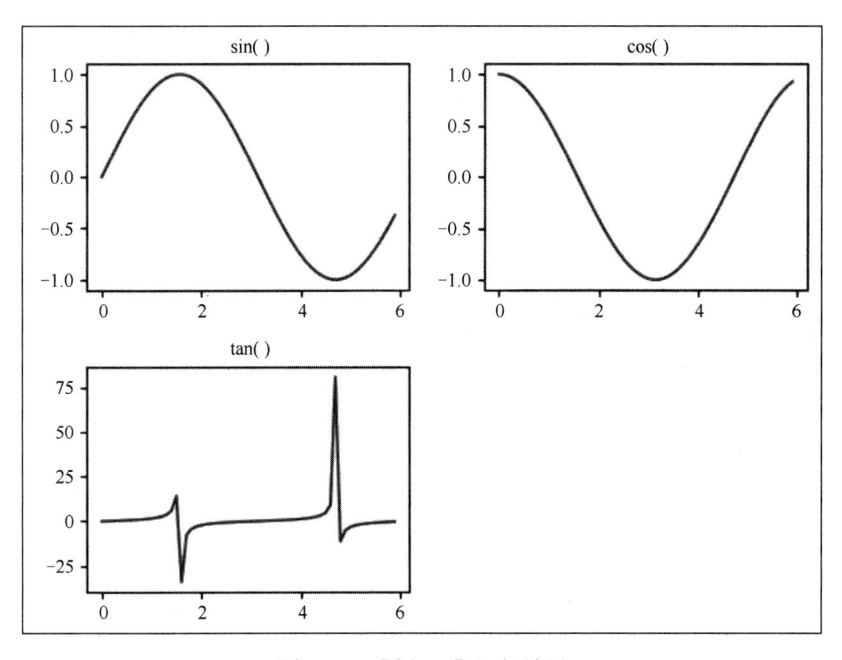

图 4.11 【例 4.2】运行结果

2. 直方图均衡法

OpenCV 提供了直方图均衡的函数 equalizeHist()。该函数的语法格式如下。

```
equalizeHist(src[, dst])→dst
```

其中，dst 是结果图像；src 是原始图像。

该函数默认直方图分组数为 256，对应范围为 0～255 的灰度级。同时，该函数只能处理单通道图像直方图灰度均衡操作，不能直接用于多通道图形。

进行均衡处理后，要绘制出直方图可以使用 Matplotlib 的绘图功能。Matplotlib 绘图需要的数据可以使用 OpenCV 的 calcHist()函数获得。calcHist()函数的语法格式如下。

```
calcHist(images,channels,mask,histSize,ranges[,hist[,accumulate]])
→hist
```

其中，hist 是一维数组的直方图数据，数组元素代表对应灰度级的像素数量；images 是输入图像，使用的时候用“[ ]”括起来；channels 是通道编号，使用时同样使用“[ ]”括起来；mask 是掩模图像，不需要掩模的时候，设置为 None；histSize 是分组数，使用时用“[ ]”括起来，如划分 256 个分组，就设置为“[256]”；ranges 是灰度值范围，如“[0,255]”；accumulate 是否累计，即下一次统计的时候是否清空上一次的统计数据。

【例 4.3】使用 Matplotlib 绘制直方图均衡处理前后的直方图，并比较两者的区别。代码如下。

```
import cv2
import matplotlib.pyplot as plt
import numpy as np
def single(image,title,color,place):
    """
    绘制单通道图像的直方图
    :param image: 输入图像
    :param title: 图像标题
    :param color: 图像线条颜色
    :param place: 显示子图坐标
    """
    #转换为uint8格式
    im = image.astype(np.uint8)
    #统计直方图数据
    hist = cv2.calcHist([im], [0], None, [256], [0, 255])
    #绘制子图
    plt.subplot(place)
    plt.title(title)
    plt.plot(hist, color)
    #设置x坐标显示范围
    plt.xlim([0, 255])
```

```
if __name__ == "__main__":
    # 读取灰度图
    img = cv2.imread("black.jpg",0)
    # 显示原图像
    cv2.imshow('input_image', img)
    #绘制原图的直方图
    single(img,"input_hist","r",121)
    #直方图均衡化处理
    dst=cv2.equalizeHist(img)
    #绘制结果图的直方图
    single(dst,"dst_hist","r",122)
    plt.show()
    #显示结果图像
    cv2.imshow('dst_image', dst)
    cv2.waitKey(0)
    cv2.destroyAllWindows()
```

代码运行结果如图 4.12 所示。

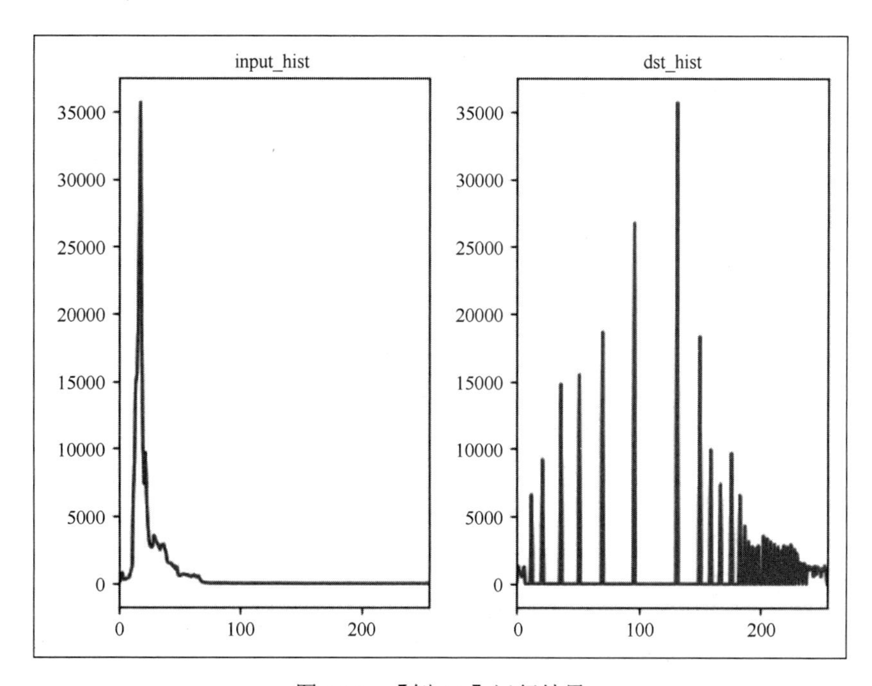

图 4.12 【例 4.3】运行结果

3. 彩色图像处理

（1）RGB 分量均衡法。

RGB 分量均衡法的过程为：输入图像；分别对 R、G、B 分量进行直方图均衡操作；合并成新图像。RGB 分量均衡法的实现代码如下。

```
def rgbhist(img):
    """
    RGB分量均衡法，分别对3个通道进行处理再合并
    :param img:输入图像
    :return:结果图像
    """
    #获得r、g、b分量
    B, G, R = cv2.split(img)
    #绘制3个原分量直方图
    single(B,"origin_b","b",331)
    single(G,"origin_g","g",332)
    single(R,"origin_r","r",333)
    #分别对3个分量进行直方图均衡化处理
    B_hist = histeq(B)
    G_hist = histeq(G)
    R_hist = histeq(R)
    #绘制处理后3个分量的结果直方图
    single(B_hist,"equ_b","b",334)
    single(G_hist,"equ_g","g",335)
    single(R_hist,"equ_r","r",336)
    #合并分量
    img_hist = img.copy()
    img_hist[:, :, 0] = B_hist
    img_hist[:, :, 1] = G_hist
    img_hist[:, :, 2] = R_hist
    #绘制原始3通道直方图
    plt.subplot(337)
    plt.title("Origin_HIST")
    image_hist(img)
    #绘制结果3通道直方图
```

```
    plt.subplot(338)
    plt.title("RGB_HIST")
    image_hist(img_hist)
    plt.show()
    # 显示结果图
    cv2.imshow("rgb_hist", img_hist)
    return img_hist
```

（2）基于 HSI 模型的亮度分量均衡法。

基于 HSI 模型的亮度分量均衡法的过程为：输入图像；将 RGB 色彩模型转换为 HSV 色彩模型；对 V 分量进行直方图均衡操作；合并分量；将 HSV 色彩模型转换回 RGB 色彩模型。由于 OpenCV 没有提供现成的 HSI 转换函数，而 HSV 色彩模型的 V 分量和 HSI 色彩模型的 I 分量都是亮度分量，在实际处理中，可用 HSV 模型代替。基于 HSI 模型的亮度分量均衡法的实现代码如下。

```
def hsihist(img):
    """
    基于HIS模型的亮度均衡法，对I分量进行直方图均衡操作
    :param img:输入图像
    :return:结果图像
    """
    # RGB转为HSV
    hsv_img = cv2.cvtColor(img, cv2.COLOR_BGR2HSV)
    # HSV三通道分离
    H, S, V = cv2.split(hsv_img)
    #绘制V通道原直方图
    single(V, "origin_i", "r", 221)
    #对V分量进行直方图均衡操作
    V = histeq(V)
    #绘制V通道结果直方图
    single(V, "cqu_i", "r", 222)
    #合并分量
    img_hist = img.copy()
    img_hist[:, :, 0] = H
    img_hist[:, :, 1] = S
    img_hist[:, :, 2] = V
```

```
    #HSV转换回RGB
    hsv_hist = cv2.cvtColor(img_hist, cv2.COLOR_HSV2BGR)
    #绘制原图像3通道直方图
    plt.subplot(223)
    plt.title("Origin_HIST")
    image_hist(img)
    #绘制结果图像3通道直方图
    plt.subplot(224)
    plt.title("HSI_HIST")
    image_hist(hsv_hist)
    plt.show()
    cv2.imshow("hsi_hist", hsv_hist)
    return hsv_img
```

4.3 编程实现

直方图均衡化小程序的全部代码如下。

```
import cv2
import matplotlib.pyplot as plt
import numpy as np

# 直方图均衡化
def histeq(im):
    """
    对一幅灰度图像进行直方图均衡化
    :param im:输入图像
    :return:返回结果图像
    """
    equ=cv2.equalizeHist(im)
    return equ

def rgbhist(img):
```

```
"""
RGB分量均衡法，分别对3个通道进行处理再合并
:param img:输入图像
:return:结果图像
"""
#获得r、g、b分量
B, G, R = cv2.split(img)
#绘制3个原分量直方图
single(B,"origin_b","b",331)
single(G,"origin_g","g",332)
single(R,"origin_r","r",333)

#分别对3个分量进行直方图均衡化处理
B_hist = histeq(B)
G_hist = histeq(G)
R_hist = histeq(R)

#绘制处理后3个分量的结果直方图
single(B_hist,"equ_b","b",334)
single(G_hist,"equ_g","g",335)
single(R_hist,"equ_r","r",336)

#合并分量
img_hist = img.copy()
img_hist[:, :, 0] = B_hist
img_hist[:, :, 1] = G_hist
img_hist[:, :, 2] = R_hist

#绘制原始3通道直方图
plt.subplot(337)
plt.title("Origin_HIST")
image_hist(img)

#绘制结果3通道直方图
plt.subplot(338)
plt.title("RGB_HIST")
image_hist(img_hist)
plt.show()
```

```
    # 显示结果图
    cv2.imshow("rgb_hist", img_hist)
    return img_hist

def hsihist(img):
    """
    基于HIS模型的亮度分量均衡法，对I分量进行直方图均衡操作
    :param img:输入图像
    :return:结果图像
    """
    # RGB转为HSV
    hsv_img = cv2.cvtColor(img, cv2.COLOR_BGR2HSV)
    # HSV三通道分离
    H, S, V = cv2.split(hsv_img)
    #绘制V通道原直方图
    single(V, "origin_i", "r", 221)
    #对V分量进行直方图均衡操作
    V = histeq(V)
    #绘制V通道结果直方图
    single(V, "cqu_i", "r", 222)
    #合并分量
    img_hist = img.copy()
    img_hist[:, :, 0] = H
    img_hist[:, :, 1] = S
    img_hist[:, :, 2] = V
    #HSV转换回RGB
    hsv_hist = cv2.cvtColor(img_hist, cv2.COLOR_HSV2BGR)
    #绘制原图像3通道直方图
    plt.subplot(223)
    plt.title("Origin_HIST")
    image_hist(img)
    #绘制结果图像3通道直方图
    plt.subplot(224)
    plt.title("HSI_HIST")
    image_hist(hsv_hist)
    plt.show()
    cv2.imshow("hsi_hist", hsv_hist)
```

```
    return hsv_img

def single(image,title,color,place):
    """
    绘制单通道图像的直方图
    :param image: 输入图像
    :param title: 图像标题
    :param color: 图像线条颜色
    :param place: 显示坐标
    """
    #转换为uint8格式
    im = image.astype(np.uint8)
    #统计直方图数据
    hist = cv2.calcHist([im], [0], None, [256], [0, 255])
    #绘制子图
    plt.subplot(place)
    plt.title(title)
    plt.plot(hist, color)
    #设置x坐标显示范围
    plt.xlim([0, 255])


def image_hist(image):
    """
    绘制3通道图像的直方图
    :param image:
    """
    color = ('b', 'g', 'r')  # 这里画笔颜色的值可以为大写或小写，或只写首字母，
或大小写混合
    for i, color in enumerate(color):
        hist = cv2.calcHist([image], [i], None, [256], [0, 256])  # 计
算直方图
        plt.plot(hist, color)
        plt.xlim([0, 255])

# 共包含两个部分
# 1 彩色图像的滤波，方法为将RGB三个通道分别滤波之后再进行合并的方式，滤波方式包
括空间滤波和频域滤波
```

```
    # 2 彩色图的直方图处理，包括直接将RGB三通道分别做直方图均衡化和将RGB转换为HSV，
然后仅对V进行直方图均衡化
    # 画出均衡化前后RGB三通道的直方图，以及显示直方图均衡化前后的图像
    if__name__=="__main__":
        # 图片读入
        img=cv2.imread("black.jpg")
        # 直方图处理
        cv2.imshow('input_image',img)
        # 直接对RGB三通道进行直方图均衡化
        rgb_hist=rgbhist(img)
        # 转化到HSV空间之后对V值进行直方图均衡化
        hsv_hist=hsihist(img)
        cv2.waitKey(0)
        cv2.destroyAllWindows()
```

代码运行后，采用 RGB 分量均衡法绘制的直方图结果如图 4.13 所示。采用基于 HIS 模型的亮度分量均衡法绘制的直方图结果如图 4.14 所示。

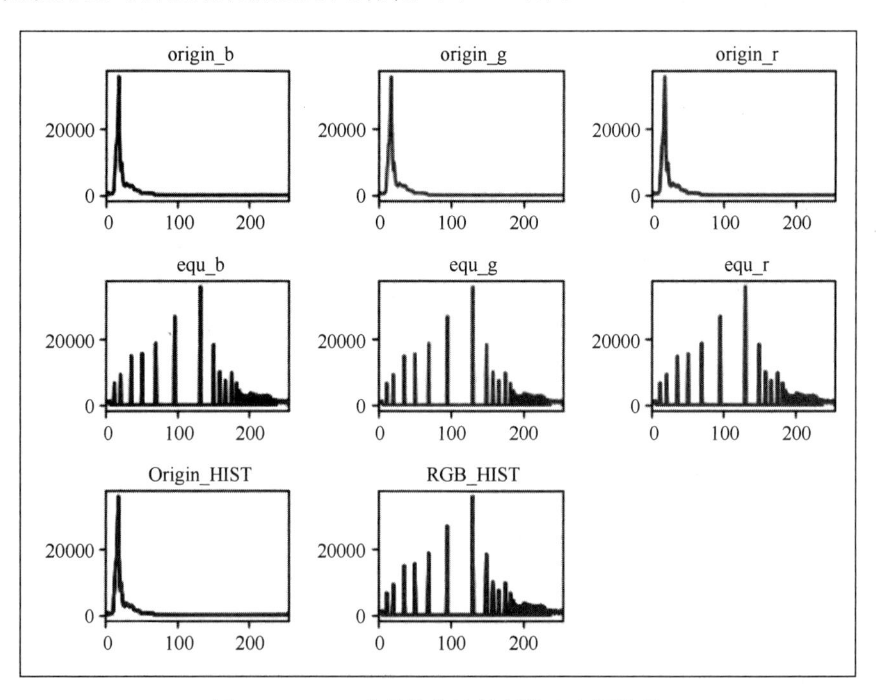

图 4.13　RGB 分量均衡法绘制的直方图结果

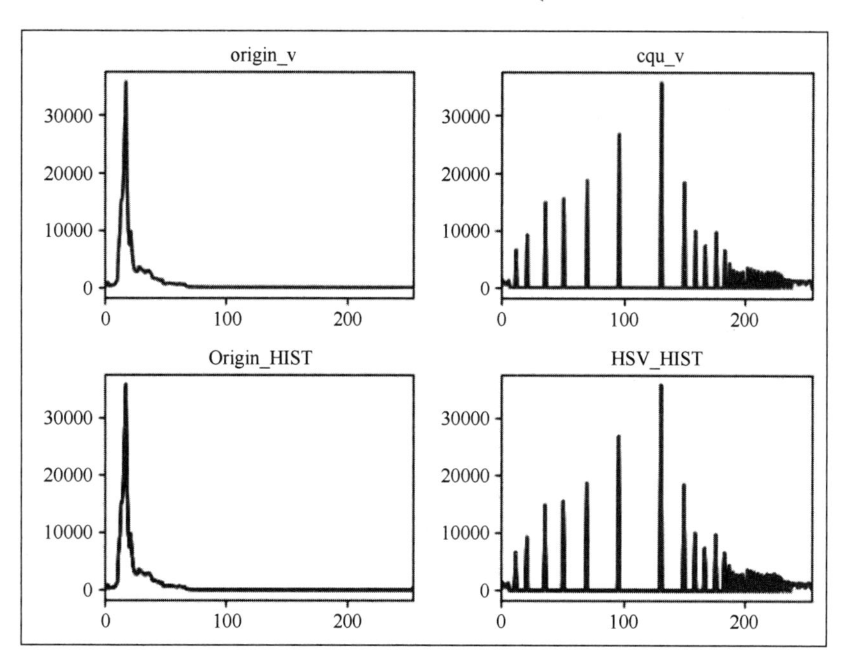

图 4.14　基于 HIS 模型的亮度分量均衡法绘制的直方图结果

任务总结

- ✓ 图像增强的目标是改善图像的视觉效果，将原来不清晰的图像变得清晰或强调某些感兴趣的特征，改善图像质量、丰富信息量，以加强后期图像判读和识别效果，达到后继分析处理的质量要求。
- ✓ 根据处理空间的不同，图像增强方法基本上可分为两大类：空域法和频域法。
- ✓ 直方图是图像的基本统计特征之一，能够直观地反映图像中每种灰度级出现的频率，是图像处理过程中非常实用的统计工具。
- ✓ 直方图均衡法是直方图修正方法的一种，是增强图像对比度的常用方法。其基本思想是把原始图像的灰度级分布变换为均匀分布形式，即通过扩展图像灰度值的动态范围达到提升图像对比度的效果。

- ✓ 针对具有 3 个分量的彩色图像,最简单的方法是对 R、G、B 三幅子图像分别进行均衡化处理及合并。但这种方法有明显的缺陷，会使均衡后的图像出现严重的色彩失真现象。
- ✓ 基于 HIS 模型的亮度分量均衡法是先将图像从 RGB 色彩模型转化到 HSI 色彩模型，然后对亮度分量 I 进行直方图均衡增强，最后再转换回 RGB 色彩模型。

思考和拓展

1．思考图像增强技术还能在哪些场景下发挥作用。

2．除了提高夜间拍摄图像的清晰度，尝试将直方图均衡法运用到其他低质量图像，看看效果怎么样。

第 5 章

去除图像噪声

任务背景

通过摄像头、传感器等设备采集到的图像往往并不能直接用于图像增强和高级分析处理，主要原因就是噪声的干扰。图像噪声是存在于图像数据中的不必要的或多余的干扰信息。噪声的存在严重影响了遥感图像的质量，在图像增强和分析处理之前，图像去噪成为常规的预处理步骤。

学习重点

- 噪声的概念。
- 图像平滑处理。
- 图像形态学操作。

任务单

5.1 学习图像去噪的基础知识。

5.2 明确任务原理。

5.3 编程实现。

5.1 图像去噪的基础知识

通过摄像头、传感器等设备采集到的图像往往并不能直接用于图像增强和高级分析处理，主要原因就是噪声的干扰。那么什么是噪声呢？

5.1.1 噪声的概念

图像噪声泛指存在于图像数据中的不必要的或多余的干扰信息。图像噪声会干扰和影响人们对图像信息的接收，造成图像质量下降，对后续的图像处理和视觉分析产生不利影响。

1. 图像噪声的成因

图像噪声产生的主要原因是图像在生成和传输过程中遭受到各种噪声源的干扰。噪声源的类型有很多，如电噪声、机械噪声、信道噪声等。

根据噪声的产生原因划分，图像噪声可分为外部噪声和内部噪声。外部噪声是指图像处理系统外部产生的噪声，如天体放电干扰、电磁波从电源线窜入系统等产生的噪声。内部噪声是指视觉系统内部产生的噪声，如内部电路的相互干扰等。根据噪声来源划分，图像噪声又可分为电子噪声和光电子噪声。电子噪声是因阻性器件中电子的随机热运动而造成的噪声。光电子噪声是由光的统计本质和图像传感器中光电转换过程引起的噪声，在弱光照情况下，这类噪声对图像的不良影响非常明显。

2. 图像噪声的特点

图像噪声使图像变得模糊，甚至淹没图像特征，给分析带来困难。图像噪声一般具有以下特点。

（1）随机性。噪声在图像中的分布和大小不规则。

（2）相关性。噪声与图像之间往往具有相关性，如由于摄像机的信号原因，导致图像暗区噪声大，亮区噪声小。

（3）叠加性。在串联图像传输系统中，同类噪声的功率可以进行叠加，同时次信噪比会下降。

3. 图像噪声的分类

图像噪声的常见类型有高斯噪声、泊松噪声、椒盐噪声等。不同类型噪声的效果如图 5.1 所示。

（a）原图　（b）高斯噪声

（c）泊松噪声　（d）椒盐噪声

图 5.1　不同噪声类型的效果

（1）高斯噪声。

高斯噪声是指它的概率密度函数服从高斯分布（即正态分布）的一类噪声。在数字图像中，高斯噪声的主要来源出现在采集期间，如由于不良照明或高温引起的传感器噪声。在处理过程中，可以使用空间滤波器来降低高斯噪声。

（2）泊松噪声。

泊松噪声又称散粒噪声，是一种可以通过泊松过程建模的噪声。泊松噪声是一种和光强相关的噪声，具体体现为：光强越大，接收到的光子数波动越大，泊松噪声越严重。泊松噪声一般在亮度很小或高倍电子放大线路中出现，通常认为 CT 中的投影数据带有泊松噪声。

（3）椒盐噪声。

椒盐噪声也称脉冲噪声，是一种随机出现的白点或黑点，呈现方式可能是亮的区域有黑色像素或是在暗的区域有白色像素，或是两者皆有。“椒盐”这个称呼来源于“盐”与白点、“胡椒”与黑点的颜色相似性。椒盐噪声的成因可能是影像信号受到突如其来的强烈干扰、类比数位转换器或位元传输错误等，如图像切割操作产生的噪声。与高斯噪声相比，椒盐噪声的强度更大，但是噪声分布更稀松。

5.1.2 图像去噪的常用技术

为了抑制噪声，改善图像质量，便于更高层次的分析处理，图像去噪是一项常规预处理步骤。根据技术方向，图像去噪可划分为空域去噪、频域去噪和形态学去噪。

1. 空域去噪

空域去噪是像素域范畴的去噪方法类型，其特点是直接对像素的灰度值进行处理。空域去噪主要指图像平滑处理，主要有均值滤波算法、高斯滤波算法、中值滤波算法等。

2. 频域去噪

频域去噪并不直接操作像素，而是先对图像进行频域变换，将图像从空间域转换到频域，然后对频域中的变换系数进行处理，最后将图像从频域转换回空域，达到去除图像噪声的目的。常用的频域转换方法有傅立叶变换、小波变换等。

3. 形态学去噪

形态学去噪是基于图像形态学处理技术（简称“形态学”）的去噪类型。形态学处理是指一系列通过采用一定的形态结构元素去度量、提取和处理图像中的对应形状的技术集合。图像去噪是形态学的一个应用分支，借助形态学中开运算与闭运算的使用，能够起到滤除噪声的作用。此方法适用于图像目标较大，且没有微小细节类的图像。

5.1.3 图像平滑处理

当图像内存在噪声，图像平滑处理是一类常用的去噪方法。图像平滑处理可以在尽量保留图像原有信息的情况下，过滤掉图像内部的噪声。平滑处理的主要方式有均值滤波、高斯滤波、中值滤波等。

1. 均值滤波

均值滤波是一种使用周围 $N \times N$ 个像素值的均值代替原来像素值的方法。

通常噪点与其周围像素点之间存在明显的差异，要么突然变深，要么突然变浅。均值滤波之所以能够起到去噪的效果，在于该算法能够降低噪点与周围正常像素值的差异，使噪点颜色与正常像素颜色趋于一致。

均值滤波算法的实现和它的名字一样，采用了滤波的方法。滤波的另一个高大上的名字就是“卷积”。从卷积的角度看，均值滤波计算过程是采用 $N \times N$ 的卷积核对输入图像进行卷积运算的过程，如图 5.2 所示。图中，卷积核为元素值全是 $\frac{1}{9}$、尺寸为 5×5 的矩阵，使用该卷积核对输入图像做卷积运算，即中间深灰色像素的新值为全部灰色区域与卷积核相乘再求和的结果。

需要注意的是，用于均值滤波的卷积核的高度和宽度值通常是相等的，同时必须是大于 1 的奇数，如 3×3 、5×5 等。核的尺寸越大，平滑效果越明显。使用不同尺寸卷积核进行平滑处理的效果如图 5.3 所示。

23	158	140	115	131	87	131
238	0	67	16	247	14	220
199	197	25	106	156	159	173
94	149	41	107	5	71	171
210	163	198	226	223	156	159
107	222	37	68	193	157	110
255	32	72	250	41	75	184
77	140	17	248	197	147	150
218	235	106	128	65	197	202

×

1/9	1/9	1/9
1/9	1/9	1/9
1/9	1/9	1/9

= 122

(41/9+107/9+5/9)+(198/9+226/9+223/9)+(37/9+68/9+193/9)

图 5.2　均值滤波计算过程

（a）原图　（b）3×3 卷积核　（c）5×5 卷积核

图 5.3　不同尺寸卷积核平滑处理效果

2. 高斯滤波

高斯滤波与均值滤波的区别在于，在对邻域内像素进行平均时，给予不同位置的像素不同的权值，即对卷积核的不同位置赋予了不同的权重，且越临近中心的像素其重要度越高，赋予的加权值越大。高斯滤波计算过程如图 5.4 所示。

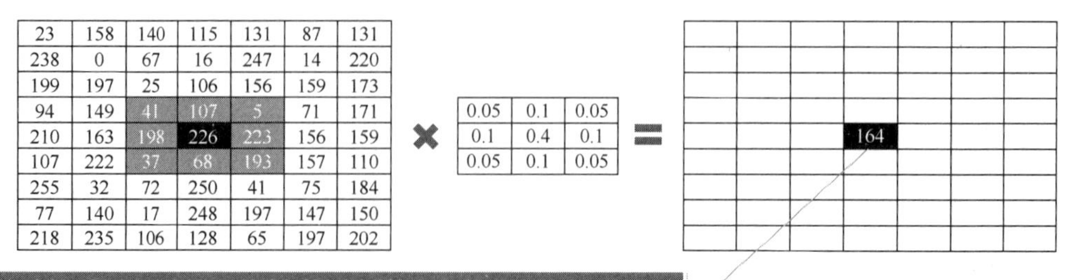

图 5.4　高斯滤波计算过程

3. 中值滤波

中值滤波是一种使用周围 $N \times N$ 个像素值的中间值代替原来像素值的方法。这种方法试图在去噪的同时，兼顾到边界信息的保留。

中值滤波将邻域像素按灰度级的升序或降序排列，取位于中间的灰度值来代替该点的灰度值。中值滤波计算过程如图 5.5 所示。

23	158	140	115	131	87	131
238	0	67	16	247	14	220
199	197	25	106	156	159	173
94	149	41	107	5	71	171
210	163	198	226	223	156	159
107	222	37	68	193	157	110
255	32	72	250	41	75	184
77	140	17	248	197	147	150
218	235	106	128	65	197	202

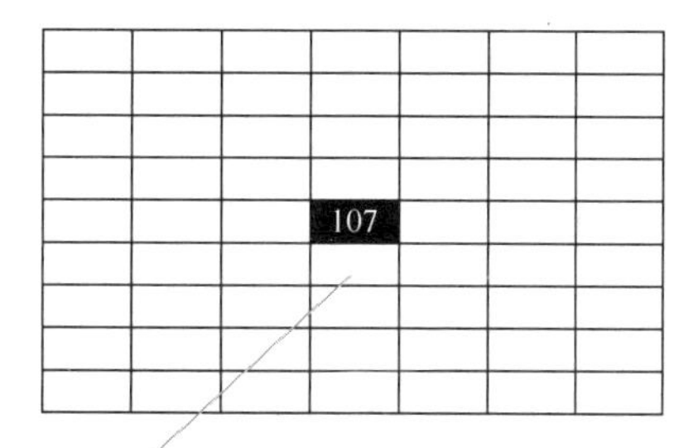

从大到小或从小到大排序

226-223-198-193-107-68-41-37-5

图 5.5 中值滤波计算过程

5.1.4 图像形态学操作

形态学操作通过采用一定的形态结构元素去度量和提取图像中的对应形状，借助图像集合理论来达到对图像进行分析和处理的目的。

图像形态学运算的思路是把图像中感兴趣的区域看成是像素集合进行运算，如计算像素集合 A 和 B 的交集、并集、补集和差集等。其中，图形 A 与 B 的差集由所有属于 A 但不属于 B 的像素构成，补集由属于超集 A 但不属于子集 B 的像素构成。基于集合论的图形运算如图 5.6 所示。

结构元素是用于度量和处理图像的基本单元，通常是一些比较小的图像。在形态学处理过程中，结构元素和图像被看成是像素集合，使用结构元素处理图像的过程是一系列集合运算的过程。图像和形态结构元素的关系类似于图像与处理模板之间的关系。

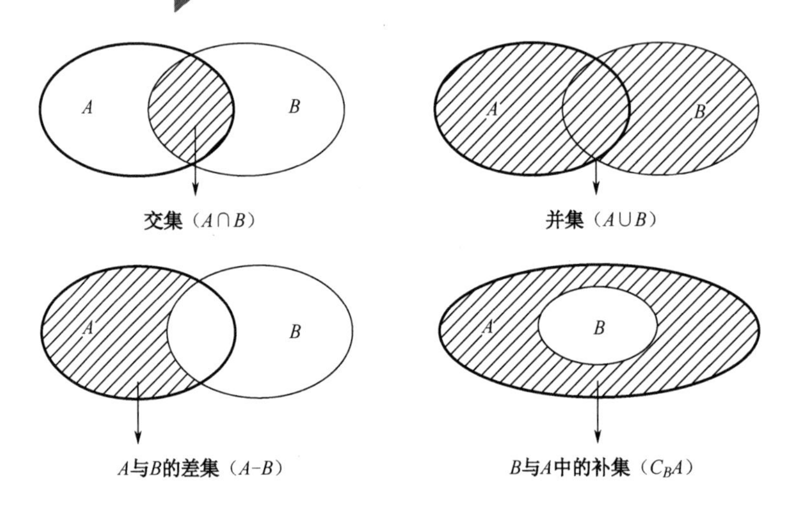

图 5.6　基于集合论的图形运算原理

形态学按应用场景可分为二值变换和灰度变换两种形式，分别侧重于处理集合和函数。形态学的基本操作有腐蚀、膨胀，形态学函数有开运算、闭运算、梯度运算、顶帽运算、黑帽运算等。

1. 腐蚀和膨胀

腐蚀和膨胀是形态学的基本操作，使用场景是二值图像变换，操作对象是二值图像的前景目标形状，假设白色为图像的前景色，则操作对象为图像的白色形状。

（1）腐蚀。

腐蚀操作能够消除二值图像前景形状的边界点，使前景形状沿着边界向内收缩。腐蚀过程中，通常会使用一个结构元素逐个像素地扫描被腐蚀的图像，并根据结构元素与图像前景形状之间的交集关系确定操作结果。设结构元素为 B，前景形状为 A，元素坐标为(x,y)，那么使用 B 对 A 进行腐蚀的公式为

$$A \ominus B = \{x, y \mid (B)_{xy} \subseteq A\}$$

根据公式，腐蚀运算可以理解为计算 A 和 B 的遍历交集。操作过程为：让原本位于图像原点的结构元素 B 在整个图像平面上移动，当 B 的锚点（通常为结构元素的中心像素点）平移至某一点（假定为 z）时，B 可以完全包含在 A 中，则所有这样的点 z 构成的

集合，即为 B 对 A 的腐蚀结果。腐蚀运算过程如图 5.7 所示。

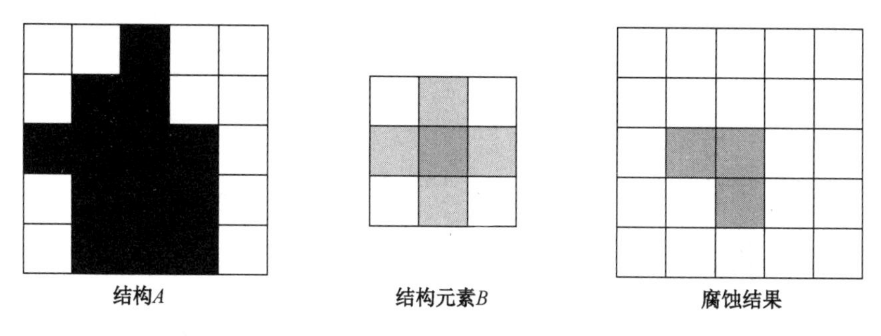

图 5.7　腐蚀运算过程

根据腐蚀的原理，当前景形状整体上大于结构元素时，腐蚀操作能够消融前景形状的边界；当前景形状小于结构元素时，则会被完全腐蚀；当前景形状有部分区域小于结构元素时，该部分区域被腐蚀掉后，该处区域会断开。腐蚀操作前后效果对比如图 5.8 所示。

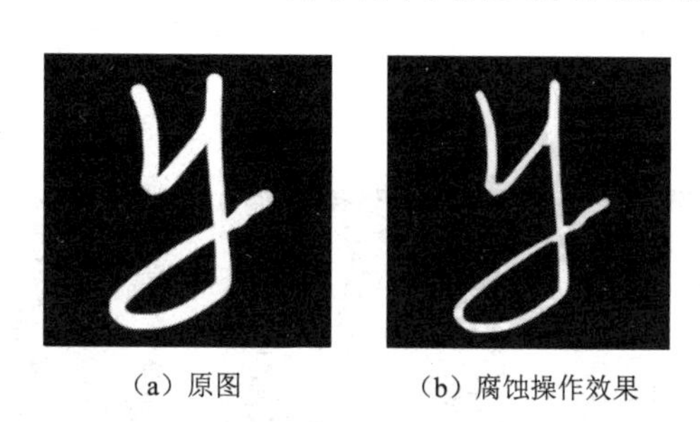

（a）原图　　（b）腐蚀操作效果

图 5.8　腐蚀操作前后效果对比

（2）膨胀。

膨胀的作用，顾名思义，与腐蚀的作用相反，它能够扩充二值图像前景形状的边界点，使前景形状沿着边界向外扩张。

对于图像中结构元素 B 和前景形状 A，使用 B 对 A 进行膨胀的公式为

$$A \oplus B = \{x, y \mid (B)_{xy} \cap A \neq \phi\}$$

根据公式，膨胀运算可以理解为计算 A 和 B 的遍历并集。具体过程为：让原本位于图像原点的结构元素 B 在整个图像平面上移动，当 B 的锚点（通常为结构元素的中心像素点）平移至某一点（假定为 z）时，B 和 A 有公共的交集，也就是说，至少有一个像

素是重叠的，则所有这样的点 z 构成的集合，即为 B 对 A 的膨胀结果。膨胀运算过程如图 5.9 所示。

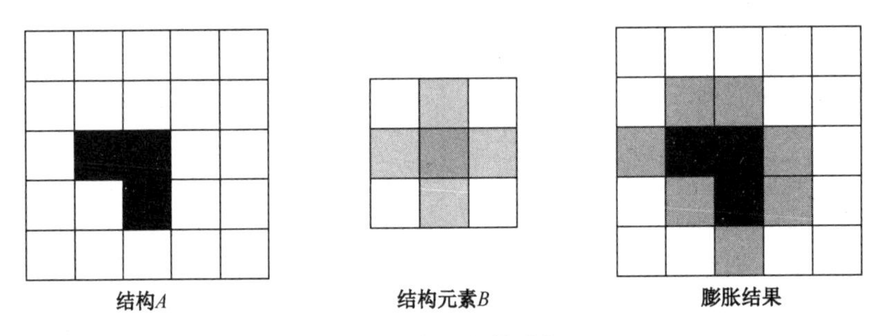

图 5.9　膨胀运算过程

根据膨胀的原理，当前景形状整体上大于结构元素时，膨胀操作能够扩充前景形状的边界，能够维持边界的原始形态；当前景形状局部有断开的预期，且该区域小于结构元素时，膨胀操作会将该部分区域连接起来。腐蚀、膨胀操作前后效果对比如图 5.10 所示。

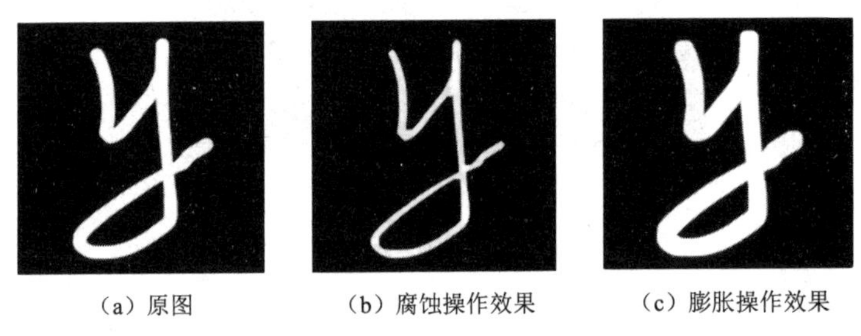

（a）原图　（b）腐蚀操作效果　（c）膨胀操作效果

图 5.10　腐蚀、膨胀操作前后效果对比

从数学的角度来看，膨胀和腐蚀操作与卷积运算有相似之处，就是将图像（前景形状）与核（结构元素）进行卷积运算，只不过核（结构元素）可以是任意形状和大小的。

根据腐蚀和膨胀操作的原理，在图像处理过程中，二者能够发挥作用的方面有：消除噪声；分割或连接相邻的形状；寻找图像中明显的极大值区域或极小值区域；求出图像的梯度。

那么如何使用形态学操作才能实现消除噪声的任务呢？在此之前，还需要理解形态学的另外两个组合操作：开运算和闭运算。

2. 开运算和闭运算

开运算和闭运算都是由腐蚀和膨胀操作组合而成的函数。开运算和闭运算的结合使用能够起到消除图像噪声的效果。

（1）开运算。

开运算的过程是先腐蚀后膨胀，对于图像中前景形状 A 和结构元素 B，使用 B 对 A 进行开运算的公式为

$$A \circ B = (A \ominus B) \oplus B$$

开运算可用于平滑形状轮廓，消除形状外的噪点或断开明显的极大区域。当用于去噪时，开运算首先对形状进行腐蚀操作，消除边界和边界以外的细小区域，再进行膨胀操作，恢复形状的原始大小，达到背景区域去噪的效果。开运算去噪前后效果对比如图 5.11 所示。

（a）原图　　（b）开运算效果

图 5.11　开运算去噪前后效果对比

（2）闭运算。

闭运算的过程是先膨胀后腐蚀，对于图像中前景形状 A 和结构元素 B，使用 B 对 A 进行闭运算的公式为

$$A \bullet B = (A \oplus B) \ominus B$$

闭运算同样可以使轮廓变得光滑，但是与开运算相反，它通常能够弥合狭窄的间断，

填充形状内部的小孔洞。闭运算在图像去噪方面的应用过程为：首先对形状进行膨胀操作，扩大形状的边界范围，同时填补形状内部的噪点，之后再进行腐蚀操作，恢复形状的原始大小，达到前景区域去噪的效果。闭运算去噪前后效果对比如图 5.12 所示。

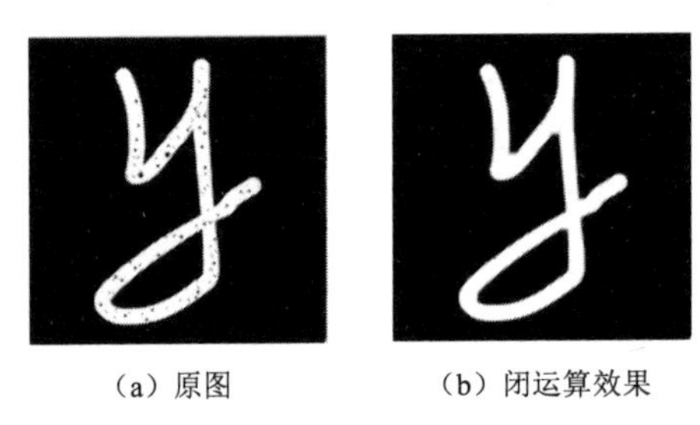

（a）原图　　（b）闭运算效果

图 5.12　闭运算去噪前后效果对比

总结：如果不能很好地区分开运算和闭运算，可以换一个思路来记忆，即消除目标形状外的噪点使用开运算，消除目标形状内部的噪点使用闭运算。

5.2　任务内容

5.2.1　任务分析

本次任务的内容为给图像去除噪声。基于前面的基础知识，读者已经了解了图像平滑处理去噪和图像形态化方法去噪两种方式，本次任务将分别使用这两种方式验证去噪效果。为了方便实验，需要提前准备具有噪声的图像素材，这些素材可以自行在网上收集，也可以采用自定义函数根据需要生成噪声图像，本次任务采用后者。在后续使用 OpenCV 提供的函数去除噪声的过程中，需要注意不同卷积核或结构元素的大小对去噪效果的影响，可以通过多次尝试，找到合适的大小，得到相对优质的处理结果。

5.2.2　任务过程分解

本次任务的主要过程为：首先设计函数实现图像加噪，噪声类型包括椒盐噪声和高斯噪声；然后验证图像平滑处理去噪方式的去噪效果，分别使用均值滤波、高斯滤波和中值滤波方法进行验证；最后使用图像形态学方法对同一输入图像进行去噪处理，比较去噪效果。图像去噪任务过程如图 5.13 所示。

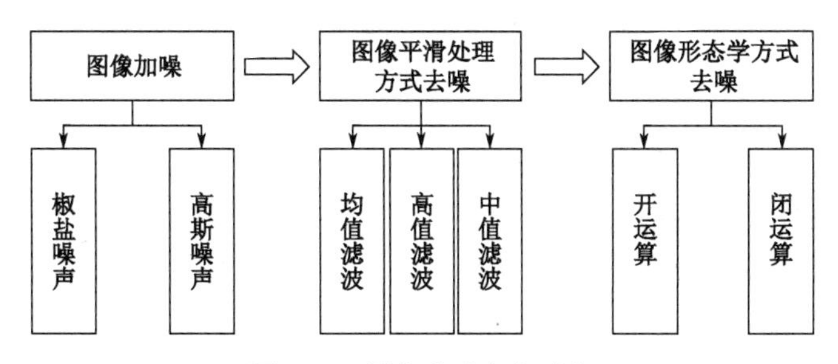

图 5.13　图像去噪任务过程

5.2.3　函数语法

1. 给图像加噪声

如果找不到现成的噪声图像，可以根据图像噪声的原理，自行合成含有噪声的图像。

（1）添加椒盐噪声。

根据椒盐噪声的原理，设计添加椒盐噪声的函数。代码如下。

```
import cv2
import random
from numpy import *
def PepperandSalt(src,percetage):
    """
    给图像添加椒盐噪声
    :param src:原图像
```

```
    :param percetage:噪声比例
    :return:返回处理结果图像
    """
    NoiseImg=src
    #根据图像大小和百分比计算噪声数量
    NoiseNum=int(percetage*src.shape[0]*src.shape[1])
    #随机添加白色或黑色的噪点
    for i in range(NoiseNum):
        randX=random.random_integers(0,src.shape[0]-1)
        randY=random.random_integers(0,src.shape[1]-1)
        if random.random_integers(0,1)<=0.5:
            NoiseImg[randX,randY]=0
        else:
            NoiseImg[randX,randY]=255
    return NoiseImg
```

下面对代码进行分析。椒盐噪声的特点是在图像上随机出现白色或黑点的噪点。函数设计的思路为：首先根据噪点比例和图像像素总数计算出噪点总数 NoiseNum；然后循环 NoiseNum 次，每次都随机地选择图像中的像素点修改值为 0 或 255；最后输出修改后的结果图像。

（2）添加高斯噪声。

根据高斯噪声的原理，设计添加高斯噪声的函数。代码如下。

```
def GaussianNoise(src,means,sigma,percetage):
    """
    给图像添加高斯噪声
    :param src:原图像
    :param means:高斯分布的"均值"属性
    :param sigma:高斯分布的"标准差"属性
    :param percetage:噪点比例
    :return:结果图像
    """
    NoiseImg=src
    #根据图像大小和百分比计算噪声数量
    NoiseNum=int(percetage*src.shape[0]*src.shape[1])
    for i in range(NoiseNum):
```

```
        randX=random.randint(0,src.shape[0]-1)
        randY=random.randint(0,src.shape[1]-1)
        #对像素点叠加高斯分布的随机差值
        randomGauss=random.gauss(means,sigma)
        NoiseImg[randX, randY]=NoiseImg[randX,randY]+randomGauss
        #对新像素点值进行修正，值的范围不能超出0～255
        if  NoiseImg[randX, randY]< 0:
                NoiseImg[randX, randY]=0
        elif NoiseImg[randX, randY]>255:
                NoiseImg[randX, randY]=255
    return NoiseImg
```

下面对代码进行分析。高斯分布也称正态分布，主要的属性有均值（mean）和方差（sigma）。添加高斯噪声的思路为，在原有像素的基础上添加符合高斯分布的随机数。具体过程为：首先根据噪点比例和图像像素总数计算出噪点总数 NoiseNum；然后循环 NoiseNum 次，每次都随机地选择图像中的像素点加上符合高斯分布的随机增量，如果修改后的值超出 0～255 的灰度值范围，则修正为 0 或 255；最后输出修改后的结果图像。

分别调用高斯加噪函数和椒盐加噪函数。代码如下。

```
src=cv2.imread("im.jpg")
pdst=PepperandSalt(src,0.05)
src1 = cv2.imread("im.jpg")
gdst=GaussianNoise(src1,10,20,0.1)
cv2.imshow("pepper",pdst)
cv2.imshow("gaussian",gdst)
cv2.waitKey(0)
```

椒盐加噪效果如图 5.14 所示。高斯加噪效果如图 5.15 所示。

图 5.14　椒盐加噪效果

图 5.15　高斯加噪效果

2. 图像平滑处理

OpenCV 为主要的平滑处理方法提供了支持函数，均值滤波、高斯滤波和中值滤波都可以方便且快捷的实现。

（1）均值滤波。

均值滤波是最基础的图像平滑处理方法。在 OpenCV 中，使用 blur()函数可以直接对图像进行均值滤波操作。该函数的语法格式如下。

```
blur(src, ksize[, dst[, anchor[, borderType]]]) -> dst
```

其中，src 是原始图像；dst 是结果图像；ksize 是卷积核的大小，格式示例为(3,3)；anchor 是锚点，默认为核的中心位置，通常不需要特别设置；borderType 是边界处理方式，当不需要特别要求，采用默认值即可。

使用均值滤波函数的示例语句如下。

```
result1 = cv2.blur(dst,(5,5))
```

（2）高斯滤波。

高斯滤波函数是 GaussianBlur()。该函数的语法格式如下。

```
GaussianBlur(src, ksize, sigmaX[, dst[, sigmaY[, borderType]]]) -> dst
```

其中，src 是原始图像；dst 是结果图像；ksize 是卷积核的大小，格式示例为(3,3)；sigmaX 是卷积核水平方向的高斯方差，用于控制权重比例；sigmaY 是卷积核垂直方向的方差，如果 sigmaY 设置为 0，则只采用 sigmaX 的值，如果 sigmaX 和 sigmaY 都设置为 0，则表示通过核的宽和高计算方差；borderType 是边界处理方式，当不需要特别要求，采用默认值即可。

使用高斯滤波函数的示例语句如下。

```
dst = cv2.GaussianBlur(src,(5,5),0,0)
```

（3）中值滤波。

medianBlur()是 OpenCV 提供的中值滤波函数。该函数的语法格式如下。

```
medianBlur(src, ksize[, dst]) -> dst
```

其中，src 是原始图像；dst 是结果图像；ksize 是卷积核的大小，此处的核大小为整数型，且大小必须是比 1 大的奇数，如 3、5、7 等。

使用中值滤波函数的示例语句如下。

```
dst = cv2.medianBlur(src,5)
```

【例 5.1】分别使用均值滤波、高斯滤波、中值滤波函数对图像进行平滑处理。代码如下。

```
import cv2
src = cv2.imread("inosed.jpg")
dst = cv2.blur(src,(5,5))
gdst = cv2.GaussianBlur(src,(5,5),0,0)
mdst = cv2.medianBlur(src,5)
cv2.imshow("inosed",src)
cv2.imshow("blur",dst)
cv2.imshow("GaussianBlur",gdst)
cv2.imshow("medianBlur",mdst)
cv2.waitKey(0)
```

运行代码，获得 3 种去噪方法的去噪效果，如图 5.16 所示。从图中可以看出，采用相同大小的卷积核对加噪图像进行平滑处理，中值滤波的去噪效果最好，均值滤波的结果最模糊，同时，3 种去噪方法都对图像轮廓产生了弱化效果。

（a）原图　　（b）均值滤波效果

（c）高斯滤波去噪效果　　（d）中值滤波去噪效果

图 5.16　【例 5.1】运行结果

3. 形态学操作

（1）腐蚀操作。

在 OpenCV 中，使用 erode()函数可以实现腐蚀操作。该函数的语法格式如下。

```
erode(src, kernel[, dst[, anchor[, iterations[, borderType[,
borderValue]]]]]) -> dst
```

其中，src 是原始图像；dst 是结果图像；kernel 是结构元素，可自行定义，也可使用 getStructuringElement()函数生成；anchor 是锚点，默认为结构的中心位置；iterations 是操作次数，默认为 1 次；borderType 是边界样式；borderValue 是边界值，使用的时候采用默认值即可。

getStructuringElement()函数用于生成结构元素。该函数的语法格式如下。

```
getStructuringElement(shape, ksize[, anchor]) -> retval
```

其中，shape 是元素形状，如 cv2.MORPH_RECT 为矩形、cv2.MORPH_CROSS 为交叉型、cv2.MORPH_ELLIPSE 为椭圆形；ksize 是核大小，格式为(3,3)；anchor 是锚点，默认为(−1,−1)，表示结构元素的中心点。

生成大小为(5,5)的矩形结构元素的示例语句如下。

```
kernel = cv2.getStructuringElement(cv2.MORPH_RECT,(5,5))
```

【例 5.2】使用 erode()函数对图像进行腐蚀操作的实验。代码如下。

```
import cv2
src = cv2.imread("3.jpg")
kernel = cv2.getStructuringElement(cv2.MORPH_RECT,(10,10))
gray_res = cv2.cvtColor(src, cv2.COLOR_BGR2GRAY)
# 腐蚀操作
erode = cv2.erode(gray_res,kernel)
cv2.imshow("input",src)
cv2.imshow("erode",erode)
cv2.waitKey(0)
cv2.destroyAllWindows()
```

代码运行结果如图 5.17 所示。

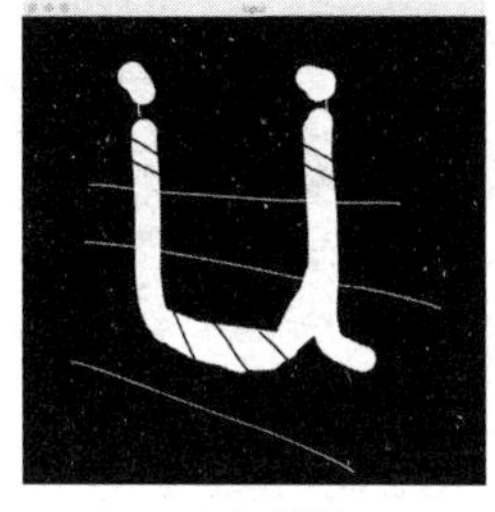

(a) 原图

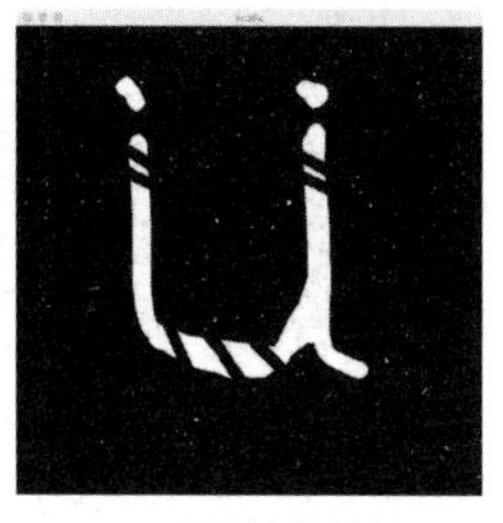

(b) 腐蚀操作效果

图 5.17 【例 5.2】运行结果

(2)膨胀操作。

dilate()函数用于进行形态学的膨胀操作。该函数的语法格式如下。

```
dilate(src, kernel[, dst[, anchor[, iterations[, borderType[,
borderValue]]]]]) -> dst
```

dilate()函数的参数与 erode()的一样，在此不再重复介绍。

【例 5.3】使用 dilate()函数对图像进行膨胀操作的实验。代码如下。

```
import cv2
src = cv2.imread("3.jpg")
kernel = cv2.getStructuringElement(cv2.MORPH_RECT,(10,10))
gray_res = cv2.cvtColor(src, cv2.COLOR_BGR2GRAY)
# 膨胀操作
erode = cv2.dilate(gray_res,kernel)
cv2.imshow("input",src)
cv2.imshow("erode",erode)

cv2.waitKey(0)
cv2.destroyAllWindows()
```

代码运行结果如图 5.18 所示。

(3)形态学函数。

图像形态学函数有开运算、闭运算、梯度运算、顶帽运算等。在 OpenCV 中，使用 morphologyEx()函数实现形态学函数运算。函数的语法格式如下。

```
morphologyEx(src, op, kernel[, dst[, anchor[, iterations[, borderType[,
borderValue]]]]]) -> dst
```

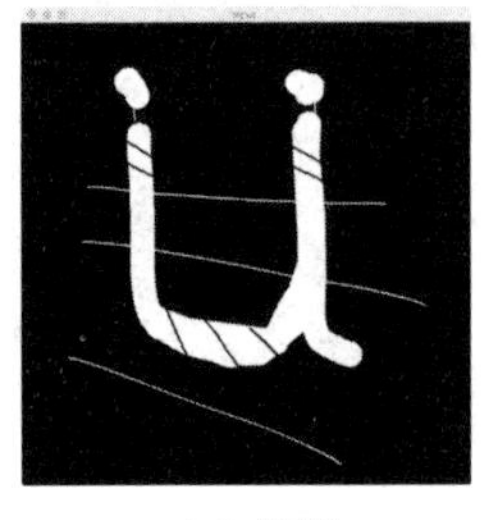

（a）原图

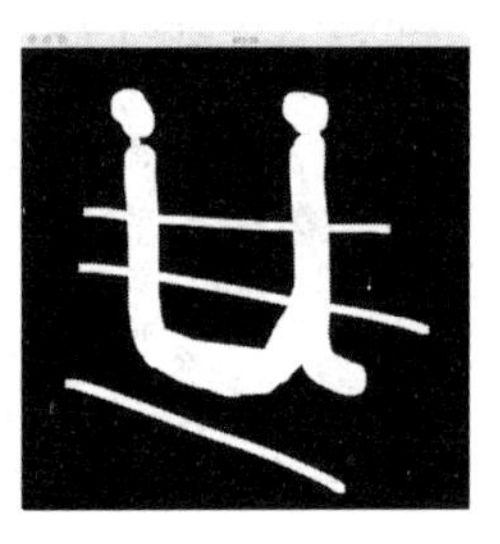

（b）膨胀操作效果

图 5.18 【例 5.3】运行结果

其中，src 是原始图像；dst 是结果图像；op 是操作类型，如开运算、闭运算等，具体类型和含义如表 5.1 所示；kernel 是结构元素，是类型为 uint8 的矩阵，可以自行定义，也可以通过 getStructuringElement()函数生成；anchor 是结构元素的锚点位置，默认为核的中心位置；iterations 是迭代次数，默认为 1 次；borderType 是边界样式，此处采用默认值即可；borderValue 是边界值，采用默认值即可。

表 5.1 op 操作类型的含义

类　型	含　义
cv2.MORPH_ERODE	腐蚀操作
cv2.MORPH_DILATE	膨胀操作
cv2.MORPH_OPEN	开运算
cv2.MORPH_CLOSE	闭运算
cv2.MORPH_GRADIENT	梯度运算
cv2.MORPH_TOPHAT	顶帽运算
cv2.MORPH_BLACKHAT	黑帽运算
cv2.MORPH_HITMISS	击中击不中变换

【例 5.4】使用 morphologyEx()函数对图像做开运算和闭运算，对比运算效果。代码如下。

```
import cv2
src = cv2.imread("3.jpg")
kernel = cv2.getStructuringElement(cv2.MORPH_RECT,(5,5))
gray_res = cv2.cvtColor(src, cv2.COLOR_BGR2GRAY)
```

```
        # 开运算
        opened = cv2.morphologyEx(gray_res, cv2.MORPH_OPEN, kernel,
iterations=1)
        # 闭运算
        closed = cv2.morphologyEx(gray_res, cv2.MORPH_CLOSE, kernel,
iterations=1)
        cv2.imshow("input",src)
        cv2.imshow("open",opened)
        cv2.imshow("close",closed)
        cv2.waitKey(0)
        cv2.destroyAllWindows()
```

代码运行结果如图 5.19 所示。

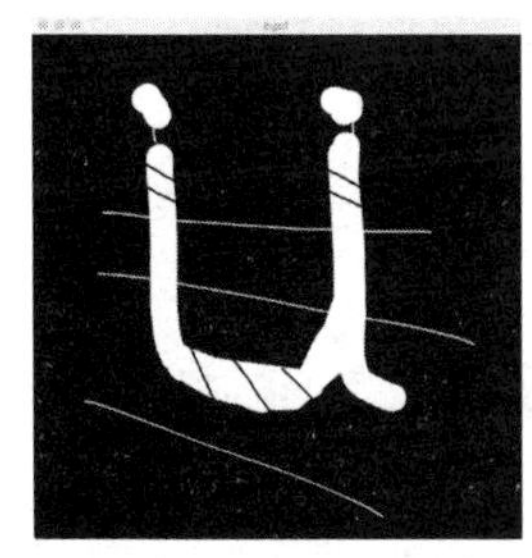
（a）原图

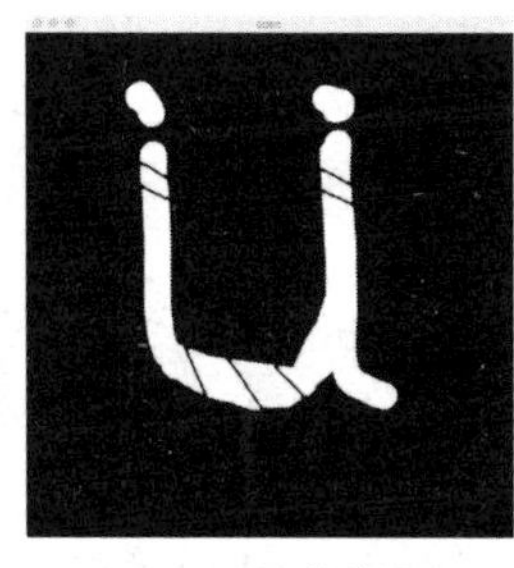
（b）开运算效果

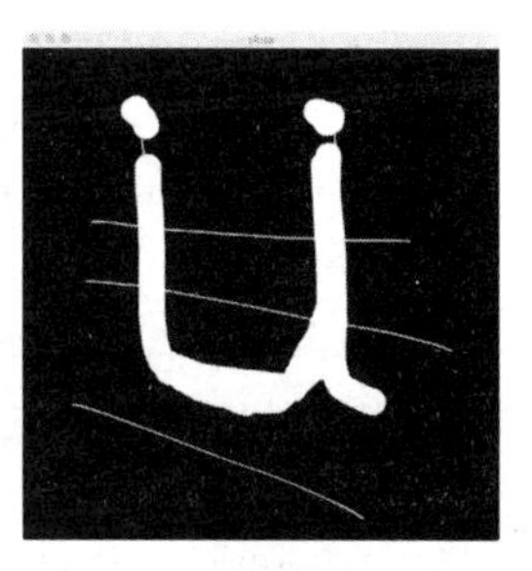
（c）闭运算效果

图 5.19 【例 5.4】运行结果

5.3 编程实现

图像去噪小程序的全部代码如下。

```
import cv2
import random as rd
from numpy import *
```

```
def PepperandSalt(src,percetage):
    """
    给图像添加椒盐噪声
    :param src:原图像
    :param percetage:噪声比例
    :return:返回处理结果图像
    """
    NoiseImg=src.copy()
    #根据图像大小和百分比计算噪声数量
    NoiseNum=int(percetage*src.shape[0]*src.shape[1])
    #随机添加白色或黑色的噪点
    for i in range(NoiseNum):
        randX=random.random_integers(0,src.shape[0]-1)
        randY=random.random_integers(0,src.shape[1]-1)
        if random.random_integers(0,1)<=0.5:
            NoiseImg[randX,randY]=0
        else:
            NoiseImg[randX,randY]=255
    return NoiseImg

def GaussianNoise(src,means,sigma,percetage):
    """
    给图像添加高斯噪声
    :param src:原图像
    :param means:高斯分布的"均值"属性
    :param sigma:高斯分布的"标准差"属性
    :param percetage:噪点比例
    :return:结果图像
    """
    NoiseImg=src.copy()
    #根据图像大小和百分比计算噪声数量
    NoiseNum=int(percetage*src.shape[0]*src.shape[1])
    for i in range(NoiseNum):
        randX=random.randint(0,src.shape[0]-1)
        randY=random.randint(0,src.shape[1]-1)
        #对像素点叠加高斯分布的随机差值
```

```
        randomGauss=rd.gauss(means,sigma)
        NoiseImg[randX, randY]=NoiseImg[randX,randY]+randomGauss
        print( NoiseImg[randX, randY])
        #对新像素点值进行修正，值的范围不能超出0～255
        if (NoiseImg[randX, randY]< 0).any():
                NoiseImg[randX, randY]=0
        elif (NoiseImg[randX, randY]>255).any():
                NoiseImg[randX, randY]=255
    return NoiseImg

def smoothingDenoise(src,ksize):
    """
    平滑处理方法去噪
    :param src: 原图像
    :param ksize: 核大小，格式（3，3）
    """
    dst = cv2.blur(src,ksize)
    gdst = cv2.GaussianBlur(src, ksize, 0, 0)
    mdst = cv2.medianBlur(src, ksize[0])
    cv2.imshow("inosed", src)
    cv2.imshow("blur", dst)
    cv2.imshow("GaussianBlur", gdst)
    cv2.imshow("medianBlur", mdst)


def morphologyDenoise(src,kernel):
    """
    形态学方法去噪
    :param src: 原图像
    :param kernel: 结构单元
    """
    gray_res = cv2.cvtColor(src, cv2.COLOR_BGR2GRAY)
    #开运算
    opened = cv2.morphologyEx(gray_res, cv2.MORPH_OPEN, kernel,
iterations=1)
    #闭运算
    closed = cv2.morphologyEx(opened, cv2.MORPH_CLOSE, kernel,
```

```
iteration=1)
        # 显示图像
        cv2.imshow("gray_res", gray_res)
        cv2.imshow("opened+closed", closed)




# 共包含3个步骤
# 1 图像加噪：给图像添加高斯噪声或椒盐噪声
# 2 使用平滑处理方法去噪：查看均值滤波、高斯滤波、中值滤波效果
# 3 使用形态学方法去噪：交替使用开运算与闭运算实现
if __name__ == "__main__":
    #读取图像
    src = cv2.imread("1.jpg")
    #加噪
    imnoised = PepperandSalt(src, 0.05)
    cv2.imshow("input",src)
    cv2.imshow("imnoised",imnoised)
    cv2.waitKey(0)
    cv2.destroyAllWindows()

    #图像平滑处理方式去噪
    smoothingDenoise(imnoised,(3,3))
    cv2.waitKey(0)
    cv2.destroyAllWindows()

    #图像形态学去噪
    kernel = cv2.getStructuringElement(cv2.MORPH_RECT, (3, 3))
    print(kernel.dtype)
    morphologyDenoise(imnoised,kernel)

    cv2.waitKey(0)
    cv2.destroyAllWindows()
```

运行代码，图像加噪结果如图 5.20 所示，图像平滑处理方法去噪结果如图 5.21 所示，图像形态学方法去噪结果如图 5.22 所示。

（a）输入图像　　（b）椒盐加噪效果

图 5.20　图像加噪结果

（a）输入图像

（b）均值滤波效果

（c）高斯滤波效果

（d）中值滤波效果

图 5.21　图像平滑处理方法去噪结果

（a）输入图像

（b）形态学去噪效果

图 5.22　图像形态学方法去噪结果

任务总结

- ✓ 图像噪声泛指存在于图像数据中的不必要的或多余的干扰信息。图像噪声会干扰和影响人们对图像信息的接收，造成图像质量下降，对后续的图像处理和视觉分析产生不利影响。
- ✓ 图像噪声的产生原因主要是图像在生成和传输过程中遭受到各种噪声的干扰。产生噪声的噪声源有很多，如电噪声、机械噪声、信道噪声等。图像噪声的常见类型有高斯噪声、泊松噪声、椒盐噪声等。
- ✓ 图像平滑处理可以在尽量保留图像原有信息的情况下，过滤掉图像内部的噪声。平滑处理的主要方式有均值滤波、高斯滤波、中值滤波等。
- ✓ 形态学按应用场景可分为二值变换和灰度变换两种形式，分别侧重于处理集合和函数。形态学的基本操作有腐蚀、膨胀，形态学函数有开运算、闭运算、梯度运算、顶帽运算、黑帽运算等。

思考和拓展

1．比较 3 种图像平滑处理方法，看看哪种效果更好。为什么？

2．尝试使用形态学函数中的梯度运算、顶帽运算、黑帽运算等函数，调整形态学函数的迭代次数，看看会发生什么。

第 6 章

识别车牌

任务背景

车牌自动识别已经是很成熟的图像识别技术，具有非常广泛的应用，如车辆出入管理、违章监控、高速路自动收费等。那么机器是如何识别图像中的车牌信息的呢？本章将采用图像裁剪、图像分割、模板匹配等图像处理技术，实现简单的车牌识别程序。

学习重点

- 图像裁剪。
- 图像分割。
- 模板匹配。

任务单

6.1 车牌识别的技术原理。

6.2 任务内容。

6.3 编程实现。

6.1 车牌识别的技术原理

车牌识别任务主要分为车牌定位和字符识别两部分，涉及的步骤包括色彩模型转换、图像剪切、图像分割、模板匹配等。

6.1.1 车牌定位

要对车牌进行识别，首先要找到车牌的位置并从原图像中剪切下来，本书采用色彩统计定位和图像剪切来实现。

1. 色彩统计定位

汽车车牌具有明显的特征：尺寸和比例固定；背景与字符的颜色对比明显；背景色固定。基于对车牌特征的分析，本次任务选择利用车牌的底色来定位车牌位置。

RGB 色彩模型使用 3 个分量来表示单个像素的颜色，每个分量的取值都是 0～255，要穷举某个色彩范围的所有组合是一件麻烦的事情，而采用 HSV 通道则更有利于锁定某个颜色范围。HSV 色彩模型的设定与 RGB 不同，虽然同样是由 3 个分量表示像素颜色，但其中的 H 表示色调，取值范围为 0～180，S 表示饱和度，取值范围为 0～255，V 表示亮度，取值范围为 0～255。HSV 色彩模型的设定和取值范围如图 6.1 所示。从图中可以看出，HSV 的 H 按照逆时针方向表示不同的色调，从 0°的红色开始，后续颜色依次是黄色、绿色、青色、蓝色、品红，结合不同的饱和度 S 和亮度 V，形成了不同强度和亮度的颜色色系。

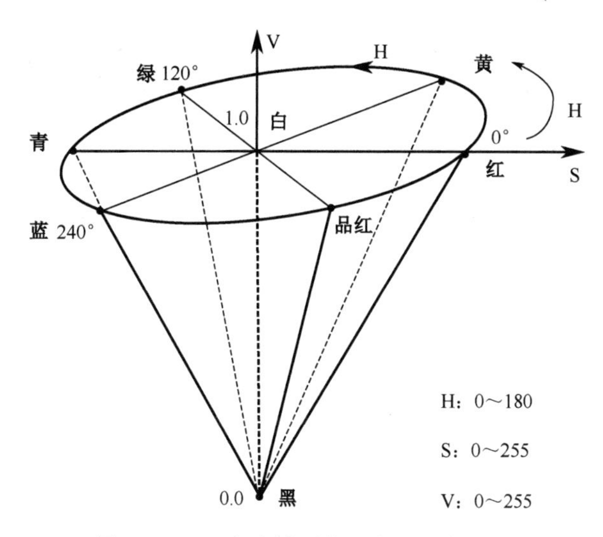

图 6.1 HSV 色彩模型的设定和取值范围

基于 HSV 的颜色表示特性，通过限制 H 分量的颜色范围，就可以很方便地锁定图像中的某个颜色范围的像素点，如蓝色的 H 分量取值范围为 100～124，S 分量取值范围为 43～255，V 分量取值范围为 46～255。HSV 色彩空间主要色系的分量取值范围如表 6.1 所示。

表 6.1 HSV 色彩空间主要色系的分量取值范围

	黑	灰	白	红		橙	黄	绿	青	蓝	紫
hmin	0	0	0	0	156	11	26	35	78	100	125
hmax	180	180	180	10	180	25	34	77	99	124	155
smin	0	0	0	43		43	43	43	43	43	43
smax	255	43	30	255		255	255	255	255	255	255
vmin	0	46	221	46		46	46	46	46	46	46
vmax	46	220	255	255		255	255	255	255	255	255

以背景色为蓝色的车牌图像为例，将图像转变为 HSV 格式后，通过扫描图像比对各个像素是否在蓝色色系，如果是就将同尺寸结果矩阵相同位置的像素设为 255，否则就设置为 0。完成扫描后最终得到蓝色区域的定位掩模，效果如图 6.2 所示。

（a）原图

（b）蓝色区域掩模

图 6.2 蓝色车牌定位效果

2. 图像剪切

由于图像的本质是像素矩阵，通过对矩阵进行切片操作可以达到图像剪切的目的。

图像的剪切需要确定 4 个变量：垂直方向剪切的开始位置，垂直方向剪切的结束位置，水平方向剪切的开始位置，水平方向剪切的结束位置。假设垂直方向为 y 轴，垂直方向剪切的开始位置和结束位置分别为 y_0 和 y_1，水平方向为 x 轴，水平方向剪切的开始位置和结束位置分别为 x_0 和 x_1，则图像剪切的原理如图 6.3 所示。

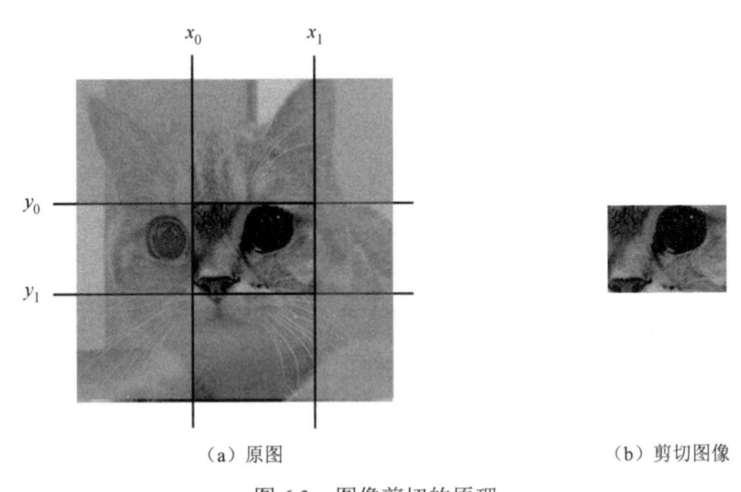

（a）原图　　（b）剪切图像

图 6.3 图像剪切的原理

获得车牌定位掩模后，剪切出目标区域的步骤如下。

（1）从上到下遍历掩模图像，发现大于 0 的像素点，记录为 y 轴剪切的开始位置 y_0。

（2）从下到上遍历掩模图像，发现大于 0 的像素点，记录为 y 轴剪切的结束位置 y_1。

（3）从左到右遍历掩模图像，发现大于 0 的像素点，记录为 x 轴剪切的开始位置 x_0。

（4）从右到左遍历掩模图像，发现大于 0 的像素点，记录为 x 轴剪切的结束位置 x_1。

（5）使用 NumPy 的数组切片功能，从原始图像中剪切出车牌区域。

蓝色车牌剪切效果如图 6.4 所示。

（a）原图

（b）掩模区域定位

（c）剪切结果

图 6.4 蓝色车牌剪切效果

6.1.2 图像分割

图像分割就是把图像分成若干个特定的、具有独特性质的区域，并提出感兴趣目标的技术和过程，是由图像处理到图像分析的关键步骤。图像分割的方法主要有基于阈值的分割方法、基于区域的分割方法、基于边缘的分割方法、基于特定理论的分割方法等。在此主要介绍基于阈值的分割方法和基于区域的分割方法。

1. 阈值分割法

阈值分割法是一种基于阈值处理的分割方法，其本质是剔除图像内像素值高于阈值 T 或低于阈值 T 的像素点，得到同等尺寸的二值图像。阈值分割的变换公式为

$$g(x,y)=\begin{cases}255 & f(x,y)\geqslant T\\0 & f(x,y)<T\end{cases}$$

式中，$g(x,y)$ 是输出图像的像素；$f(x,y)$ 是原图像的像素；T 为分割阈值。

当原图像的灰度值大于等于阈值时，修改输出图像的灰度值为 255，否则修改为 0。当 T=127 时，阈值变换的过程如图 6.5 所示。

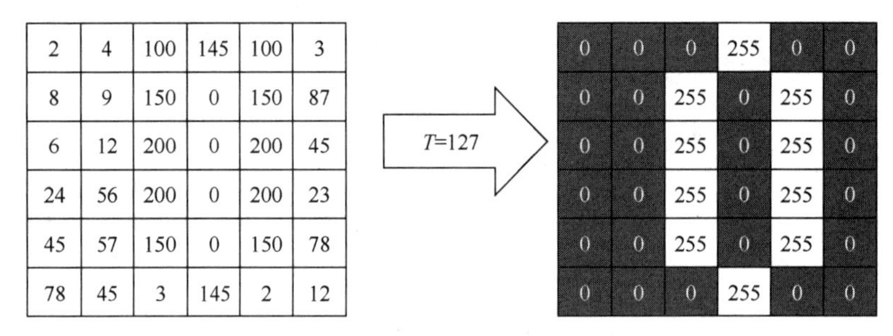

2	4	100	145	100	3
8	9	150	0	150	87
6	12	200	0	200	45
24	56	200	0	200	23
45	57	150	0	150	78
78	45	3	145	2	12

0	0	0	255	0	0
0	0	255	0	255	0
0	0	255	0	255	0
0	0	255	0	255	0
0	0	255	0	255	0
0	0	0	255	0	0

图 6.5 阈值变换的过程

阈值分割过程中的阈值设置并不是一成不变的，选择合适的阈值会提高图像分割的效果。实际处理时，可以考虑将图像分成若干子区域分别选择阈值，或者动态地根据一定的邻域范围选择每点处的阈值，这时的阈值也被称为自适应阈值。

2. 区域分割法

区域分割法的基本思想是将具有相似性质的像素集合起来构成区域，从而分割出图像目标。具体过程为：首先在每个需要分割的区域找一个种子像素作为生长的起点；然后搜索周围邻域中与种子像素有相同或相似性质的像素（根据某种事先确定的生长或相似准则来判定）合并到分割区域中；之后再将这些新像素作为新的种子像素继续进行上面的过程，直到再没有满足条件的像素可被包括进来；最后分割区域就形成了。

区域分割法需要选择一组能正确代表所需区域的种子像素，还需要确定在生长过程中的相似准则，制定让生长停止的条件或准则。相似准则可以是灰度级、彩色、纹理、梯度等特性。选取的种子像素可以是单个像素，也可以是包含若干个像素的小区域。生长准则可根据不同原则制定，而使用不同的生长准则会影响区域生长的过程。

区域分割法的优点是计算简单，对于较均匀的连通目标有较好的分割效果。它的缺点是需要人为确定种子点，对噪声敏感，可能会导致区域内有空洞。

6.1.3 模板匹配

模板匹配是一项在图像中寻找与模板图像最匹配或相似部分的技术。模板匹配涉及两个对象：原图像和匹配模板。原图像是被匹配的对象，匹配模板是与原图像做比对的图像块。

模板匹配的过程为：将模板 B 在原图像 A 上滑动，遍历 A 的所有像素，并根据某种匹配方法计算匹配度。模板遍历图像的过程如图 6.6 所示。以方差匹配（TM_SQDIFF）为例，模板 B 从原图像 A 的左上角开始进行匹配，期间计算模板 B 与匹配区域元素的方差，得到匹配结果；随后将模板向右移动 1 位，按照相同的算法计算匹配结果，以此类推；最终完全匹配的结果为 0，匹配度越差，结果值越大。

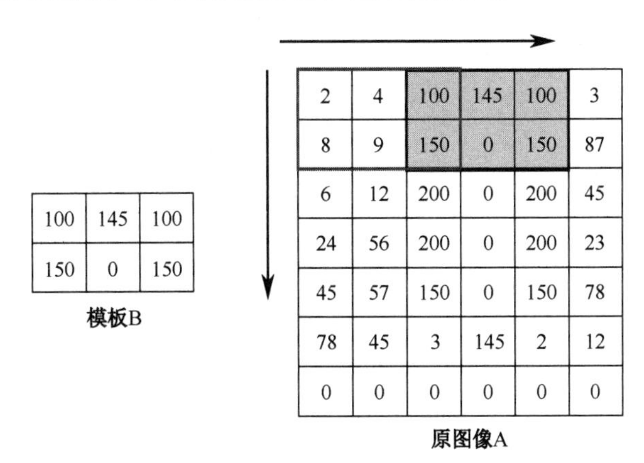

图 6.6　模板遍历图像的过程

TM_SQDIFF 匹配算法中原图像与模板图像之间的方差计算公式为

$$R(x,y)=\sum_{x',y'}\left(T(x',y')-I(x+x',y+y')\right)^2$$

式中，R 为计算结果；T 为模板图像；I 为原图像。

基于该方差公式，图 6.6 中模板 B 遍历到原图像 A 的 2 个位置，计算方差的结果如下。

B 遍历到位置(0,0)：

$$(100-2)^2+(145-4)^2+(100-100)^2+(150-8)^2$$
$$+(0-9)^2+(150-150)^2=49\,730$$

B 遍历到位置(0,2)：

$$(100-100)^2+(145-145)^2+(100-100)^2+(150-150)^2$$
$$+(0-0)^2+(150-150)^2=0$$

从计算结果可以发现，原图像遍历到位置(0,0)时，模板与对应区域的匹配度很差，方差达到了一个很大的值，而遍历到(0,2)时，能够完全匹配，方差结果为 0。

6.2 任务内容

6.2.1 任务分析

本章的任务是完成车牌识别，车牌图像通过动态视频或静态图像的形式输入，通过车牌背景色和字符内容自动识别车牌信息。市场上的车牌识别系统包括硬件系统和软件系统，硬件系统的主要组件有摄像设备、闪光灯、采集设备、识别器等，传统车牌识别软件系统支持车牌定位、车牌字符匹配等功能，现在更多采用“端到端”的神经网络识别方法。传统方法建立在简单图像处理基础上，经过图像采集、车牌定位、字符分隔、字符识别等处理环节，最终得到车牌信息的文字输出。

在进行车牌识别操作之前，可以对采集图像进行必要的预处理操作，如通过直方图均衡法提升图像的清晰度；在定位车牌位置的时候，也要根据情况增加图像去噪的操作，使用中值滤波或形态学操作去除非目标区域的多余信息。识别环节对模板的质量要求比较高，如果模板与采集字符差异过大，会降低识别准确度。

6.2.2 任务过程分解

车牌识别任务的实现过程有输入图像、预处理、车牌定位、字符分割、字符识别、输出结果等环节。输入图像的来源可以是互联网，本次任务主要解决蓝色车牌的识别，在选择图像的时候，不要选择除车牌区域外有大片蓝色的图像。预处理主要是提升图像清晰度的操作，如直方图均衡等。车牌定位采用基于色彩统计和图像剪切的方法。字符识别需要字符模板集的支持，对模板集中的字符模板分别进行匹配操作后，选择匹配度最高的模板名称作为识别结果输出。

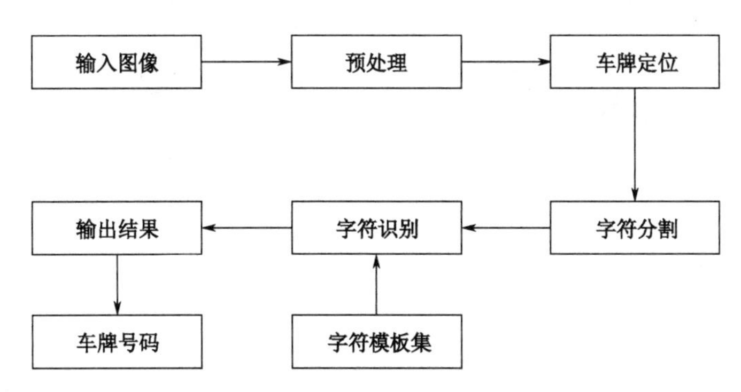

图 6.7 车牌识别实现过程示意图

6.2.3 函数语法

1. 阈值处理

（1）threshold()函数。

OpenCV 提供 threshold()函数进行阈值分割，将图像转化为黑和白的二值图像。该函数的语法格式如下。

```
threshold(src, thresh, maxval, type[, dst]) → retval, dst
```

其中，src 是原始图像，形式为灰度图；thresh 是分割的阈值；maxval 是当像素值超过阈值时的赋值；type 是阈值处理类型；dst 是结果图像；retval 是返回处理的使用阈值。

使用该函数进行阈值处理的示例语句如下。

```
t,dst=cv2.threshold(src,127,255,cv2.THRESH_BINARY)
```

该语句的含义是采用 THRESH_BINARY 的阈值处理方式，以 127 的阈值将结果图像处理为二值图像 dst。在处理过程中，图像像素大于等于 127 的像素被设置为 255，小于 127 的像素被设置为 0。处理结果如图 6.8 所示。

（a）原图　　（b）阈值处理结果

图 6.8　阈值为 127 时 THRESH_BINARY 阈值化结果

threshold()函数的 type 参数可以设置 5 种阈值化类型，具体如表 6.2 所示。

表 6.2　threshold()函数 type 参数取值

阈值化类型	类　型　值	小 于 阈 值	大 于 阈 值
THRESH_BINARY	0	置 0	置 maxval
THRESH_BINARY_INV	1	置 maxval	置 0
THRESH_TRUNC	2	保持原色	置灰色
THRESH_TOZERO	3	置 0	保持原色
THRESH_TOZERO_INV	4	保持原色	置 0

【例 6.1】分别使用 5 种阈值化方式对同一幅图像进行阈值化处理，比较处理效果。代码如下。

```
src = cv2.imread("1.jpg",0)
```

```
src = cv2.resize(src,(320,240))
#使用5种阈值化处理方式分别对灰度图像进行处理
thresh0,dst0 = cv2.threshold(src,127,255,cv2.THRESH_BINARY)
thresh1,dst1 = cv2.threshold(src,127,255,cv2.THRESH_BINARY_INV)
thresh2,dst2 = cv2.threshold(src,127,255,cv2.THRESH_TRUNC)
thresh3,dst3 = cv2.threshold(src,127,255,cv2.THRESH_TOZERO)
thresh4,dst4 = cv2.threshold(src,127,255,cv2.THRESH_TOZERO_INV)
cv2.imshow("input",src)
cv2.imshow("THRESH_BINARY",dst0)
cv2.imshow("THRESH_BINARY_INV",dst1)
cv2.imshow("THRESH_TRUNC",dst2)
cv2.imshow("THRESH_TOZERO",dst3)
cv2.imshow("THRESH_TOZERO_INV",dst4)
cv2.waitKey(0)
cv2.destroyAllWindows()
```

代码运行结果如图 6.9 所示。

（a）原图

（b）THRESH_BINARY 处理结果

（c）THRESH_BINARY_INV 处理结果

（d）THRESH_TRUNC 处理结果

（e）THRESH_TOZERO 处理结果

（f）THRESH_TOZERO_INV 处理结果

图 6.9 【例 6.1】运行结果

上面的案例中，阈值都是按照经验设置的具体的值，如果不好把握，可以选择使用自适应阈值，即将 thresh 参数设置为 THRESH_OTSU 即可，之后函数可以根据图像的灰度分布统计信息，自动确定阈值大小。自适应阈值的示例语句如下。

```
    thresh,dst = cv2.threshold(src,cv2.THRESH_OTSU,255,cv2.THRESH_
BINARY)
```

（2）inRange()函数。

对于灰度图，threshold()函数可以方便地进行阈值化处理，如果是彩色图像，则可以采用 inRange()函数完成阈值化分割。inRange()函数提供了一种支持阈值范围的分割方式，这与 threshold()不太一样。threshold()函数只有一个阈值，只能获得大于或小于单个阈值的分割结果，而 inRange()支持 2 个阈值区间的图像分割。inRange()函数的语法格式如下。

```
inRange(src, lowerb, upperb[, dst]) → dst
```

其中，src 是原始图像；lowerb 是下边界阈值；upperb 是上边界阈值；dst 是输出的分割结果，也是二值图像。

inRange()支持单通道和多通道图像，对单通道的分割，只需要给定上下边界的灰度值即可，对于多通道图像的分割，首先需要将图像转换为 HSV 模式，再对各个分量设置分割范围。

【例 6.2】使用 inRange()函数对单通道灰度图进行分割处理。代码如下。

```
import cv2
src = cv2.imread("1.jpg",0)
src = cv2.resize(src,(320,240))
#阈值范围（0，50）
dst0 = cv2.inRange(src,0,50)
#阈值范围（50，120）
dst1 = cv2.inRange(src,50,120)
#阈值范围（120，255）
dst2 = cv2.inRange(src,120,255)
cv2.imshow("input",src)
cv2.imshow("inRange(0-50)",dst0)
cv2.imshow("inRange(50-120)",dst1)
```

```
cv2.imshow("inRange(120-255)",dst2)
cv2.waitKey(0)
cv2.destroyAllWindows()
```

代码运行结果如图 6.10 所示。图中白色部分为分割结果，像素值为 255，黑色部分像素值为 0。当设置阈值上下界值为 50 和 0 时，原本属于 0～50 区间的像素值被改为 255，其他被置为 0；当上下界值为 120 和 50 时，原本属于 50～120 区间的像素值被置为 255；当上下界值为 255 和 120 时，效果与前面单阈值函数相似，高于 120 的像素都被置为 255，小于 120 的被置为 0。

（a）原图

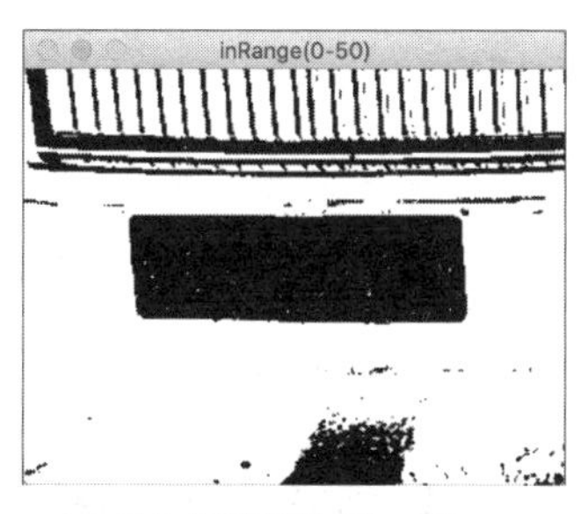

（b）阈值范围（0～50）

（c）阈值范围（50～120）

（d）阈值范围（120～255）

图 6.10 【例 6.2】运行结果

【例 6.3】使用 inRange()函数对多通道 RGB 图像进行分割处理。代码如下。

```
import cv2
import numpy as np

src = cv2.imread("1.jpg")
src = cv2.resize(src,(320,240))
```

```
#转为hsv模式
hsvim = cv2.cvtColor(src,cv2.COLOR_BGR2HSV)
#蓝色像素值的下边界值
lowerb = np.array([100,43,46])
#蓝色像素值的上边界值
upperb = np.array([120,255,255])
dst = cv2.inRange(hsvim,lowerb,upperb)
cv2.imshow("input",src)
cv2.imshow("blue result",dst)
cv2.waitKey(0)
cv2.destroyAllWindows()
```

代码运行结果如图 6.11 所示。在处理多通道图像的案例中，首先将 RGB 色彩模式的图像转换为 HSV 色彩模式，如果读者对 HSV 色彩模式还有印象，就会记得其 H 分量代表颜色范围，蓝色的 H 分量范围为 100～120，S 表示饱和度，V 表示图像亮度。HSV 更容易划分颜色范围，所以在进行 inRange()处理之前，可以先将原来的 BGR 模式改为 HSV 模式。

（a）原图

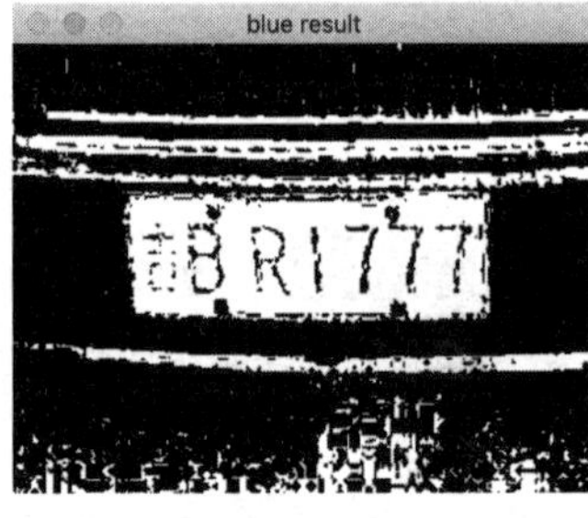

（b）蓝色区域分割

图 6.11 【例 6.3】运行结果

2. 图像剪切

NumPy 为数组提供了切分的索引方法，可用于实现图像剪切。对于一个普通的单通道灰度图，图像切分的语法格式如下。

```
dst = src[y0:y1,x0:x1]
```

其中，y0 和 y1 是行方向切分的开始和结束下标，对应图像高度方向的切分开始位置和结束位置；x0 和 x1 是列方向切分的开始和结束下标，对应图像宽度方向的切分开始位置和结束位置。

【例 6.4】基于 NumPy 数组的切分功能，将车牌区域从原始图像中切割出来。代码如下。

```
import cv2
import numpy as np
src = cv2.imread("1.jpg")
y0,y1,x0,x1 = (158,293,128,518)
dst = src[y0:y1,x0:x1]
cv2.imshow("input",src)
cv2.imshow("cut",dst)
cv2.waitKey(0)
cv2.destroyAllWindows()
```

代码运行结果如图 6.12 所示。

（a）原图

（b）剪切结果

图 6.12 【例 6.4】运行结果

NumPy 的切分功能可以方便地对数组的各个维度进行索引，对于一个 3 维数组，完整的切分公式为

```
dst = arr[参数1,参数2,参数3]
```

式中，参数 1 到 3 分别对应各个维度的切分参数，中间使用逗号分隔。如果要直接对顺序靠后的维度进行切分，其他维度保持默认的全索引，直接保留逗号占位即可，示例代码如下。

```
dst = arr[:,:,0:3]
```

数组每个维度的切分参数格式都是一样的，完整表达式为 start:stop:step，分别表示切分的开始位置、结束位置和切分间隔，中间使用冒号分隔。前面的案例中省略了第 3 个分量 step，表示采用 stop 分量的默认值 1。切分参数的不同表示含义如表 6.3 所示。

表 6.3　切分参数的表示含义

切分函数	含　义
[n]	索引 *n* 位置的数据，如 arr[2]
[n:]	索引从 *n* 开始到以后所有的数据，如 arr[2:]
[n:m]	索引从 *n* 到 *m*−1 区间的数据，如 arr[2:9]，索引的是位置 2 到 8 的数据
[n:m:i]	索引从 *n* 到 *m*−1 之间间隔为 *i* 的数据，如 arr[2:9:2]，索引的是位置为 2、4、6、8 的数据
[:]	索引所有数据，如 arr[:,:,0]，索引的是图像第 1 个通道的数据

3. 模板匹配

OpenCV 提供的模板匹配函数是 matchTemplate()。该函数的语法格式如下。

```
matchTemplate(image, templ, method[, result[, mask]]) → result
```

其中，image 是被匹配图像；templ 是模板图像，其类型必须与被匹配图像一致，且尺寸不能超过被匹配图像；method 是匹配方法；result 是匹配结果；mask 是模板图像掩模。这里需要重点关注的是 method 和 result 参数。

（1）method 参数。

OpenCV 提供了 6 种匹配方法，对应值如表 6.4 所示。

表 6.4　method 参数值和含义

参数值	对应值	含　义
cv2.TM_SQDIFF	0	方差匹配。结果为零表示完全匹配，否则结果将是很大的值
cv2. TM_SQDIFF_NORMED	1	标准方差匹配
cv2.TM_CCORR	2	相关匹配。将模板图像与被匹配图像相乘，乘积越大，匹配程度越高，乘积为零表示匹配效果最差
cv2.TM_CCORR_NORMED	3	标准相关匹配
cv2.TM_CCOEFF	4	相关系数匹配。将模板图像与其均值的相对值，和被匹配图像与其均值的相对值，进行匹配，完美匹配结果是 1，-1 表示匹配度很差，0 表示没有任何相关性
cv2.TM_CCOEFF_NORMED	5	标准相关系数匹配

从表 6.4 中可以总结出：method 值为 cv2.TM_SQDIFF 和 cv2.TM_SQDIFF_NORMED 时，result 的值越小，表示匹配度越好；而其他方法正相反，值越大，匹配度越好。

（2）result 参数。

返回值 result 是由每个位置的匹配结果组合成的一个结果矩阵，其高度和宽度分别为模板图像在垂直方向上的比较次数和水平方向上的比较次数。通过 minMaxLoc()函数，可以将结果解析为 minVal、maxVal、minLoc、maxLoc 分量，分别表示返回的最小值、最大值、最小值的坐标、最大值的坐标。minMaxLoc()函数的语法格式如下。

```
minMaxLoc(result[, mask]) → minVal, maxVal, minLoc, maxLoc
```

其中，result 为匹配结果；mask 是模板图像的掩模，可省略；minVal、maxVal、minLoc、maxLoc 为返回的解析分量。由于不管选择哪种匹配方法，解析后都会返回这 4 个分量，因而要根据选择的 method 值，区别对待这 4 个分量。例如，选择 cv2.TM_SQDIFF 和 cv2.TM_SQDIFF_NORMED 时，要按照 minVal 和 minLoc 作为最佳匹配结果，其他 method 取值则选择 maxVal 和 maxLoc 作为最佳匹配结果。

【例 6.5】使用 cv2.TM_SQDIFF 方法，进行车牌图像匹配，并圈出最佳匹配区域。代码如下。

```
import cv2
import numpy as np
img = cv2.imread("1.jpg",0)
template = cv2.imread("template.bmp",0)
th,tw = template.shape
result = cv2.matchTemplate(img,template,cv2.TM_SQDIFF)
minVal,maxVal,minLoc,maxLoc = cv2.minMaxLoc(result)
topleft = minLoc
bottomRight = (topleft[0]+tw,topleft[1]+th)
resultimg = img.copy()
cv2.rectangle(resultimg,topleft,bottomRight,255,2)
cv2.imshow("input",img)
cv2.imshow("template",template)
cv2.imshow("result",resultimg)
cv2.waitKey(0)
cv2.destroyAllWindows()
```

下面对代码进行分析。首先以灰度图的形式读取原始图像和模板图像，通过模板图像的 shape 属性获取模板图像的高度和宽度值 th、tw；然后使用 matchTemplate()函数进行图像匹配，并通过 minMaxLoc()函数解析出极值分量；最后根据选择的匹配方法选用 minLoc 作为最优匹配位置，通过 rectange()函数在匹配区域绘制矩形，标注出匹配区域的位置。代码运行结果如图 6.13 所示。

（a）原图

（b）模板图像

（c）匹配结果

图 6.13 【例 6.5】运行结果

6.3 编程实现

车牌识别小程序的全部代码如下。

```
import cv2
import numpy as np
import os
def compare_image(src, dir):
    """
    从模板文件夹中遍历模板依次进行匹配，找到匹配度最高的模板，返回模板名称
    :param src:输入图像
    :param dir:匹配目录
    :return:返回最佳匹配模板的文件名
    """
```

```
    scores = []  # 匹配得分数组
    filenames = os.listdir(dir)
    for filename in os.listdir(dir):
        img = cv2.imread(dir + '/' + filename)
        imggray = cv2.cvtColor(img, cv2.COLOR_BGR2GRAY)
        # 匹配和解析
        rv = cv2.matchTemplate(src, imggray, cv2.TM_CCOEFF_NORMED)
        minVal, maxVal, minLoc, maxLoc = cv2.minMaxLoc(rv)
        # 记录每次匹配的最大值
        scores.append(maxVal)
    # 找到匹配度最大的模板名称
    maxvalue = max(scores)
    indexvalue = scores.index(maxvalue)
    return os.path.splitext(filenames[indexvalue])[0]


def findYAndX(src):
    """
    找到二值图像剪切的高度范围和宽度范围
    :param src:二值图像
    :return:高度范围和宽度范围
    """
    ystart, yend, xstart, xend = (0, 0, 0, 0)
    y, x = src.shape
    for i in range(0, x):
        for j in range(0, y):
            if src[j, i] > 0:
                if ystart <= 0:
                    ystart = j
                    break
                if j < ystart:
                    ystart = j
                    break

    for i in range(0, x):
        for j in range(y - 1, -1, -1):
            if src[j, i] > 0:
```

```
                if yend <= 0:
                    yend = j
                    break
                if j >= yend:
                    yend = j
                    break

    for j in range(0, y):
        for i in range(0, x):
            if src[j, i] > 0:
                if xstart <= 0:
                    xstart = i
                    break
                if i < xstart:
                    xstart = i
                    break

    for j in range(0, y):
        for i in range(x - 1, -1, -1):
            if src[j, i] > 0:
                if xend <= 0:
                    xend = i
                    break
                if i >= xend:
                    xend = i
                    break
    # 截取车牌区域
    return (ystart, yend, xstart, xend)
def findCarLoc(src):
    """
    车牌定位
    :param src:输入车牌图像
    :return:返回记录车牌位置的掩模
    """
    # 识别车牌区域
    hsv = cv2.cvtColor(src, cv2.COLOR_BGR2HSV)  # 将BGR图转成HSV图
```

```
    lower_blue = np.array([100, 43, 46])  # 能识别的最小的蓝色
    upper_blue = np.array([120, 255, 255])  # 能识别的最大的蓝色
    mask = cv2.inRange(hsv, lower_blue, upper_blue)# 设置HSV的颜色范围
    cv2.imshow("mask", mask)
    # 使用形态学方法去除周围的噪声
    kernel = cv2.getStructuringElement(cv2.MORPH_RECT, (7, 7))
    opened = cv2.morphologyEx(mask, cv2.MORPH_OPEN, kernel,
iterations=3)
    return opened


def cutCarImge(src, mask):
    """
    车牌切割
    :param src: 输入图像
    :param mask: 车牌区域掩模
    :return: 车牌图像
    """
    ystart, yend, xstart, xend = findYAndX(mask)
    dstim = src[ystart:yend, xstart:xend]
    return dstim


def cutCharImage(src):
    """
    字符切割
    :param src:输入图像
    :return:字符图像
    """
    # 调整尺寸
    src = cv2.resize(src, (196, 60))
    # 转换为灰度图
    dis = cv2.cvtColor(src, cv2.COLOR_BGR2GRAY)
    # 阈值分割
    t, rst = cv2.threshold(dis, 127, 255, cv2.THRESH_BINARY)
```

```
        cv2.imshow("binary", rst)
        # 字符分割
        im0 = rst[10:50, 6:30]
        im1 = rst[10:50, 30:54]
        im2 = rst[10:50, 67:91]
        im3 = rst[10:50, 91:115]
        im4 = rst[10:50, 115:139]
        im5 = rst[10:50, 139:166]
        im6 = rst[10:50, 166:190]

        im0 = cv2.resize(im0, (20, 40))
        im1 = cv2.resize(im1, (20, 40))
        im2 = cv2.resize(im2, (20, 40))
        im3 = cv2.resize(im3, (20, 40))
        im4 = cv2.resize(im4, (20, 40))
        im5 = cv2.resize(im5, (20, 40))
        im6 = cv2.resize(im6, (20, 40))
        return (im0, im1, im2, im3, im4, im5, im6)


    # 车牌识别任务的实现过程有输入图像、预处理、车牌定位、字符分割、字符识别、输出结果等环节。重点关注：
    # 1 车牌字符模板图像已经保存在dataset文件夹中，该方法对模板图像的要求比较高
    # 2 本方法适用的车牌图像要求没有过多蓝色系的杂色，否则会影响识别效果
    if __name__ == "__main__":
        src = cv2.imread("1.jpg")
        cv2.imshow("input", src)
        # 车牌定位
        opened = findCarLoc(src)
        cv2.imshow("opened", opened)
        # 车牌分割
        dstim = cutCarImge(src, opened)
        cv2.imshow("cut", dstim)
        # 字符分割
        im0, im1, im2, im3, im4, im5, im6 = cutCharImage(dstim)
        cv2.imshow("0", im0)
        cv2.imshow("1", im1)
```

```
cv2.imshow("2", im2)
cv2.imshow("3", im3)
cv2.imshow("4", im4)
cv2.imshow("5", im5)
cv2.imshow("6", im6)
# 字符识别：模板匹配,所有模板都存放于dataset文件夹中
carNumber = ''
for im in [im0, im1, im2, im3, im4, im5, im6]:
    rs = compare_image(im, "dataset")
    carNumber += rs
print(carNumber)
cv2.waitKey(0)
cv2.destroyAllWindows()
```

代码的主要脉络为车牌定位、车牌剪切、字符分割、字符识别。车牌定位部分通过inRange()函数获取图像蓝色区域的掩模，经过图像去噪等步骤，得到比较清晰的掩模模板，如图 6.14 所示。

（a）原图

（b）车牌定位掩模

图 6.14　车牌定位掩模效果

得到定位的掩模后，调用 cutCarImge()函数从原图像上剪切出车牌图像。然后基于车牌图像进行字符分割。字符分割的前提是车牌字符与字符之间间距固定的设定，而实际情况也的确如此。于是，只要固定了车牌图像的尺寸，就可以基于车牌字符的间隔距离直接进行分割。车牌和字符分割的效果如图 6.15 所示。

（a）车牌图像

（b）车牌阈值化处理

（c）字符分割

图 6.15　车牌和字符分割效果

完成字符分割后，就可以依次调用 compare_image()函数对每个字符图像进行匹配，所有的匹配模板都存放于一个共同的文件夹中，模板的名称与模板图像的内容一致。此处采用的匹配方法是 cv2.TM_CCOEFF_NORMED，规则是结果越大，匹配度越高，于是选用了 maxVal 作为比对参数。经过多轮识别实验后，挑选识别结果汇总如表 6.5 所示。

表 6.5　多次测试识别结果汇总

车 牌 图 像	识 别 结 果
吉B·R1777	吉 BR1777
苏E·05EV8	苏 E05EV8
苏B·92912	苏 892812
鲁N·S1A26	鲁 NS1A2A
黑H·96789	黑 H96225

从实验结果中可以看出，识别准确率还有待提高，导致识别错误的原因是多方面的，主要原因如下。

（1）车牌图像的质量问题。本次实验的素材都来源于网络，图像的质量差距比较大。

（2）匹配模板的质量问题。匹配模板的提取需要经过识别前相同的处理过程，模板来源的不同，导致模板的质量也不尽相同，使识别效果不理想。

任务总结

✓ 图像分割就是把图像分成若干个特定的、具有独特性质的区域，并提出感兴趣目标的技术和过程。它是由图像处理到图像分析的关键步骤。图像分割的方法主要有基于阈值的分割方法、基于区域的分割方法、基于边缘的分割方法、基于特定理论的分割方法等。

✓ 阈值分割法是一种基于阈值处理的分割方法，其本质是剔除图像内像素高于一定值或低于一定值的像素点，得到同等尺寸的二值图像。

✓ 模板匹配是一项在图像中寻找与模板图像最匹配或相似部分的技术。模板匹配涉及两个对象：原图像和匹配模板。原图像是被匹配的对象，匹配模板是与原图像做比对的图像块。

✓ 车牌识别任务的实现过程有输入图像、预处理、车牌定位、字符分割、字符识别、输出结果等环节。

思考和拓展

1．请思考通过提升哪些因素能够提升识别的准确率。

2．尝试使用区域分割法分割车牌。

第 7 章

车流量计数器

任务背景

计算机视觉技术不但在静态图像领域应用广泛，在动态视频处理方面的发展也非常迅速。目前对运动视觉的处理主要是基于视频，提取视频中目标的形状、位置和运动等信息。车流量计数器是运动视觉领域的应用场景之一，本章将介绍如何实现一个简单的车流量计数器。

学习重点

- 视频处理。
- 运动目标检测。
- 轮廓提取。

任务单

7.1 运动视觉的基础知识。

7.2 任务内容。

7.3 编程实现。

7.1 运动视觉的基础知识

运动视觉研究的是如何从变化场景中提取有关场景中目标的形状、位置和运动等信息。运动视觉在近年来得到了快速发展，主要技术有运动目标检测、目标跟踪等。车流量计数器是运动视觉的应用场景之一，其主要过程是基本视频处理、运动目标检测、车流计数。

7.1.1 视频的原理

视频是重要的视觉信息载体。视频由一系列静态图像构成，这些图像被称为“帧”。根据人类视觉系统的暂留原理，如果每秒连续的图像变化超过 24 帧，人眼将无法区分单幅图像的画面，而会认为看到的是平滑连续的动态画面。随着视频的采集、存储和传播变得越来越方便快捷，视频处理技术近年来得到了飞速发展。相较于静态图像，视频承载了静态图像所不具有的上下文信息、时间序列信息、声音信息等，具有更加广阔的应用和研究空间。

相较于静态图像，视频有其特有的属性，如帧速率、长宽比例、峰值信噪比、编码格式、封装格式和文件格式等。

1. 帧速率

视频的帧速率（Frames Per Second，FPS）是指每秒刷新的帧数。要生成平滑连贯的动画效果，帧速率一般不能小于 8fps，而普通电影视频的帧速率为 24fps。帧速率越高，所显示的画面越流畅，对处理器能力的要求也越高。如果一个视频的分辨率为

1024×768，帧速率为 24fps，那么每秒处理的像素量就达到了 $1024\times768\times24=18874368$。2019 年上映的《阿丽塔：战斗天使》的帧速率达到了 60fps，每秒的计算量达到了 $1024\times768\times60=47185920$。

2. 长宽比例

视频的长宽比例是指视频画面长和宽的比例。普通家庭所用的 CRT（Cathode Ray Tube，阴极射线显像管）电视机，其显示画面的长宽比例为 4∶3，而正在高速发展的高清视频的长宽比例要求是 16∶9。

3. 峰值信照比

图像的信噪比（Signal-to-Noise Ratio，SNR）是指图像信号与噪声的比例。信噪比的单位是分贝（dB），图像的信噪比越高表明图像噪声越少，图像质量越高。一般监控摄像头的信噪比大约在 50dB。

峰值信噪比（Peak Signal-to-Noise Ratio，PSNR）用于表示图像在最大信号强度下的信噪比值。由于视频是帧的集合，为了便于传输和播放，会进一步对视频进行压缩以减小处理压力，此时用于衡量压缩质量好坏的主要指标就是 PSNR。PSNR 通过对原始帧和失真帧进行像素点对比，计算帧之间的误差以确定失真图像的质量评分。一般视频的 PSNR 值在 20～50dB 之间，值越大代表受损帧越接近原始帧。该方法由于计算简便、数学意义明确，在图像处理领域中应用非常广泛。

4. 编码格式、封装格式和文件格式

视频编码的作用是降低视频的数据量。视频信号数字化后通常具有很高的数据带宽，可以达到 20MB/s 以上，直接对之进行保存和处理难度很大；同时，视频连续帧之间往往具有极高的相似性，具有空间冗余和视觉维度冗余的特点。于是采用视频编码技术对视频信号进行压缩成为了计算机处理视频的必要环节。

目前视频流传输方面最为重要的编解码标准有国际电信联盟（International Telecommunication Union，ITU）的 H.261、H.263、H.264，国际标准组织机构下属运动图像专家组的 MPEG 系列标准，此外在互联网上被广泛应用的还有 Real Networks 公司的 Real Video、微软公司的 WMV 以及 Apple 公司的 QuickTime 等。

视频封装格式可以理解为存储视频信息的容器，原始视频信号通过压缩编码后，按照一定的格式存储在文件中，才能进行解码播放。常见的封装格式有 AVI、MPEG、WMV、FLV 等。通过不同封装格式封装的视频常常与固定的文件后缀关联，以便于应用程序识别。常见封装格式的编码方式和文件格式如表 7.1 所示。

表 7.1 常见封装格式的编码方式与文件格式

封装格式	编码格式	文件格式
AVI	未限定	.avi
DivX	MPEG-4	.divx
MPEG	MPEG 系列	.vob、.mp4
Real Video	H.264	.rm、.rmvb
QuickTime	MPEG-4	.mov
WMV	VC-1	.wmv
ASF	MPEG-4	.asf
FLV	未限定	.flv

编码格式、封装格式和文件格式是 3 个不同的概念，同一种封装格式的视频文件，其编码格式可能有多种，文件格式也可能不同。编码方式决定了视频的压缩质量，封装格式是视频文件的组装方式，文件格式是方便应用程序识别的标识，三者的关系如图 7.1 所示。

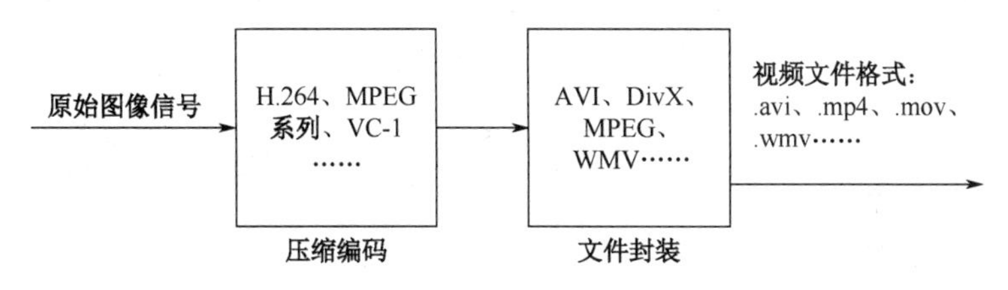

图 7.1 编码格式、封装格式和文件格式的关系

7.1.2 运动目标检测

运动目标检测是指在序列图像中检测出变化区域并将运动目标从背景图像中提取出来。运动目标检测是目标分类、跟踪和行为理解等后期分析的前提，而这些后期分析操作将仅仅关注图像中运动目标的像素区域。

根据摄像头是否保持静止，运动目标检测可分为静态背景和运动背景两类。常用的方法有帧差法、背景减除法、光流法等。

1. 帧差法

如果存在运动目标，则连续的帧和帧之间会有明显的变化，帧差法正是基于这样的设想提出的。帧差法的基本原理是，对时间上连续的两帧或三帧图像进行差分运算和阈值化处理，以提取图像中的运动区域。其主要步骤如下。

（1）将相邻帧图像对应像素值相减得到差分图像。

（2）对差分图像进行阈值化处理。设定合适的阈值，如果差分图像的像素值小于阈值，即判断为背景区域，进行抑制；如果差分图像的像素值大于等于阈值，则认为这部分区域是图像中的运动区域。

帧差法的阶段效果如图 7.2 所示。

（a）相邻两帧

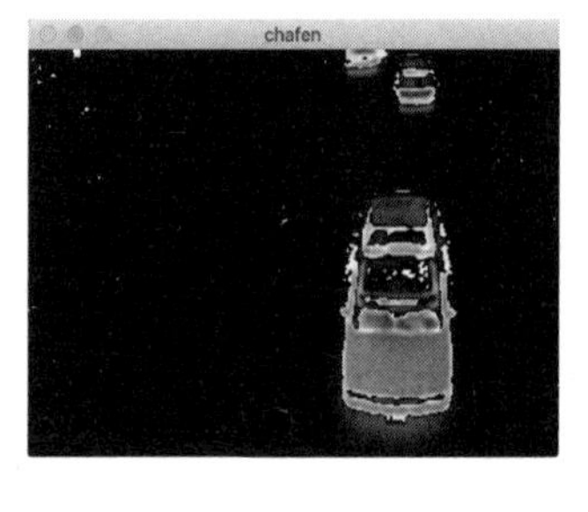

（b）差分图像

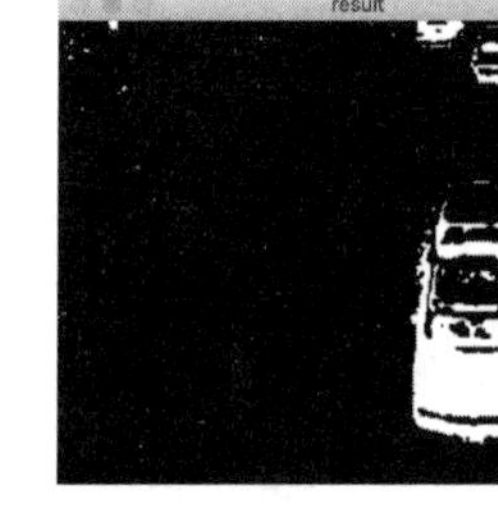

（c）阈值化处理

图 7.2 帧差法的阶段效果

帧差法的优点是，算法简单、实时性好、环境自适应强。其不足之处也很明显，对噪声和阈值较为敏感，对于大型目标的检测可能出现“空洞”现象，且只适用于静态背景场景。

2. 背景减除法

背景减除法的基本思想是将当前帧与背景模型进行差分比较以实现对运动区域的检测。比较过程中，区别较大的像素区域被认为是运动区域，而区别较小的像素区域被认为是背景区域。背景减除法的主要过程如下。

（1）创建背景对象。遍历视频，从视频帧中“训练”出不包含任何运动目标的背景对象。根据训练方法的不同，训练背景的方法可分为 K—近邻法（K-Nearest Neighbor，KNN）、高斯混合模型（Mixture of Gaussians，MOG）分离法、统计贝叶斯分割法（GMG①）等。

（2）差分比较。将背景对象与当前帧进行比较，得到运动区域的二值图像。

采用不同背景减除法的效果如图 7.3 所示。

3. 光流法

在非固定摄像头下的视频中，背景也是动态改变的，这种情况下可以采用光流法。光流是指图像中亮度模式的速度，光流场是一种二维瞬时速度场。通常，视频中背景的光流是一致的，与运动目标的光流有所不同，光流法就是基于这样的思想来提取运动目

---

① 统计贝叶斯分割法（GMG），该算法简写出自论文“Visual Tracking of Human Visitors under Variable-Lighting Conditions for a Responsive Audio Art Installation”的三位作者名字首字母。

A. B. **Godbehere**, A. **Matsukawa** and K. **Goldberg**, "Visual tracking of human visitors under variable-lighting conditions for a responsive audio art installation," 2012 American Control Conference (ACC), Montreal, QC, Canada, 2012, pp. 4305-4312, doi: 10.1109/ACC.2012.6315174.

标和背景区域的。光流场可视化效果如图 7.4 所示。

光流法的优点是适用于运动摄像头拍摄的视频，缺点是算法复杂度高，实时性差。

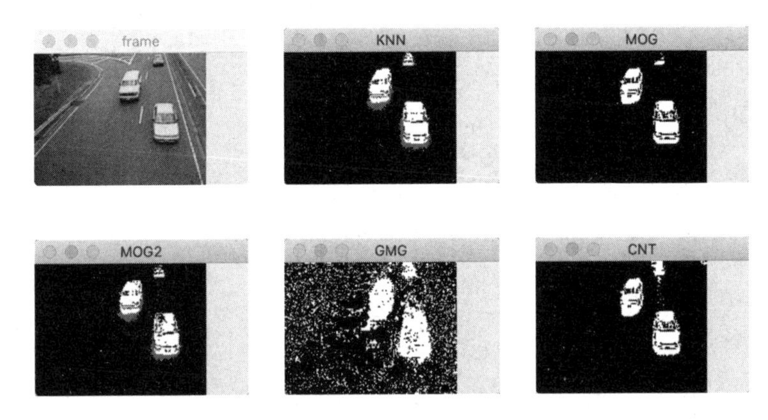

图 7.3　不同背景减除法的效果

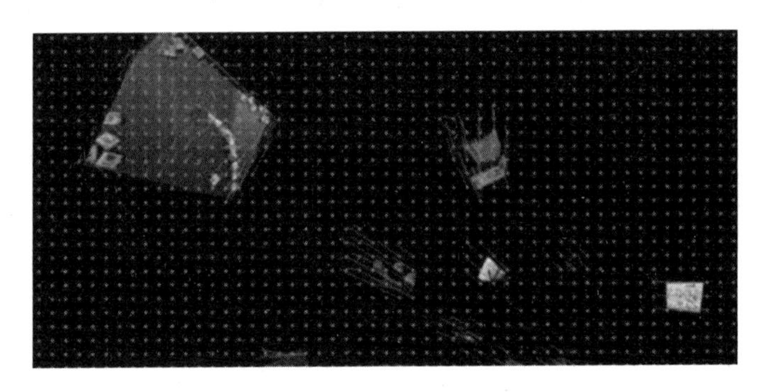

图 7.4　光流场可视化效果

7.1.3　轮廓提取

1. 图像梯度

图像梯度用于表示图像灰度变换的速度，其本质是求导，但通过计算像素值之间的差值，也可以近似得到图像的梯度值。

由于图像的边缘通常出现在像素灰度变换显著的地方，因此图像梯度常被用于探查图像物体的边缘。轮廓区域的灰度值变化大，梯度值也较大，而灰度变化小的非边缘区域，梯度值也较小。图像梯度具有方向性，与边缘是垂直的关系，常见的梯度方向有水平、垂直、对角线等。水平方向的梯度能够体现左右方向的边缘，垂直方向的梯度能够体现上下方向的边缘信息，而对角线上的梯度根据方向的不同可以体现右上、左上、右下、左下 4 个方向的边缘信息。不同方向梯度体现的边缘信息如图 7.5 所示。

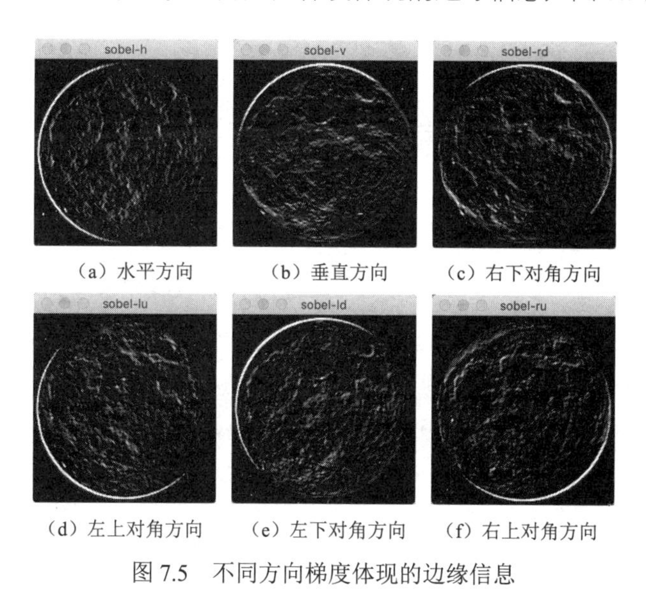

（a）水平方向　（b）垂直方向　（c）右下对角方向

（d）左上对角方向　（e）左下对角方向　（f）右上对角方向

图 7.5　不同方向梯度体现的边缘信息

用于计算图像梯度的算子被称为梯度算子，如 Sobel 算子、Scharr 算子、Laplacian 算子等。在计算机视觉领域，掩模、卷积核、算子等概念，其本质是相同的，只是在不同分支领域和使用场景下的习惯称呼不同。在信号领域，一般使用“滤波器”的提法，在数学领域，更多使用“核”，“卷积”是“线性滤波器”的时髦称谓，“算子”的本质也是“滤波器”。将输入图像与梯度算子进行卷积运算，即可得到体现不同方向边缘信息的输出结果。不同梯度算子的结构如表 7.2 所示。

3 种梯度算子各有优缺点，其中 Scharr 算子的精确度通常比 Sobel 算子更好一些；Sobel 算子和 Scharr 算子只能用于单方向的梯度计算，要计算多方向梯度就需要单独计算单方向梯度再合并，而 Laplacian 算子则不需要。

表 7.2 梯度算子的结构

算 子	算子结构
Sobel	水平方向：$\begin{bmatrix} -1 & 0 & 1 \\ -2 & 0 & 2 \\ -1 & 0 & 1 \end{bmatrix}$，垂直方向：$\begin{bmatrix} -1 & -2 & -1 \\ 0 & 0 & 0 \\ 1 & 2 & 1 \end{bmatrix}$， 对角方向：$\begin{bmatrix} 0 & 1 & 2 \\ -1 & 0 & 1 \\ -2 & -1 & 0 \end{bmatrix}$、$\begin{bmatrix} -2 & -1 & 0 \\ -1 & 0 & 1 \\ 0 & 1 & 2 \end{bmatrix}$
Scharr	水平方向：$\begin{bmatrix} -3 & 0 & 3 \\ -10 & 0 & 10 \\ -3 & 0 & 3 \end{bmatrix}$，垂直方向：$\begin{bmatrix} -3 & -10 & -3 \\ 0 & 0 & 0 \\ 3 & 10 & 3 \end{bmatrix}$
Laplacian	适用不同方向边缘检测：$\begin{bmatrix} 0 & 1 & 0 \\ 1 & -4 & 1 \\ 0 & 1 & 0 \end{bmatrix}$

2. 边缘检测

边缘是指图像中灰度发生急剧变化的区域，而灰度的变化情况可以通过梯度来反映。Canny 方法是一种常用的边缘检测方法，其主要步骤如下。

（1）去噪。通常使用 5×5 的高斯滤波器处理边缘噪声。

（2）计算图像梯度。采用 Sobel 算子计算水平方向、垂直方向和对角方向梯度的幅度和方向。

（3）非极大值抑制。遍历整幅图的像素点，检查该像素点的梯度是否是周围具有相同梯度方向的点中最大的，如果是，保留该点，否则，进行抑制操作，即归零。

（4）确定边界。对保留的极大值进一步判断是否是边界，首先设置两个阈值（maxVal 和 minVal），之后再次遍历整幅图，对于每个像素，其灰度值高于 maxVal，则被认为是真正的边界，灰度值在 maxVal 和 minVal 之间的，并且与真边界相连，也将被认为属于边界，否则就被抑制，即归零。Canny 边缘确定示意图如图 7.6 所示。

3. 提取轮廓

边缘检测获取到的边缘信息是离散的点，点与点之间没有有意义的联系。图像轮廓是指由边缘点连接起来的一个整体，是图像中非常重要的特征信息。边缘与轮廓的区别如图 7.7 所示。

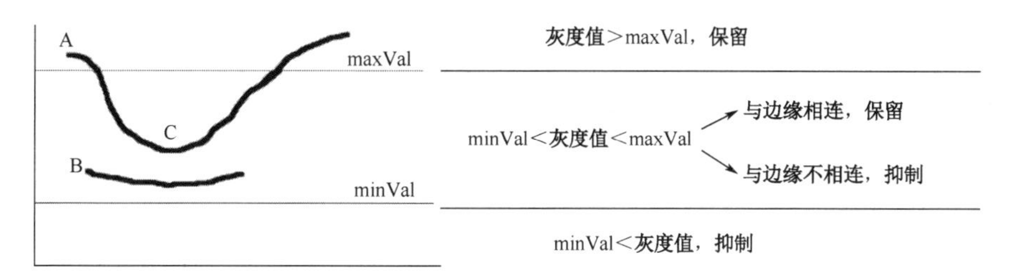

图 7.6 Canny 边缘确定示意图

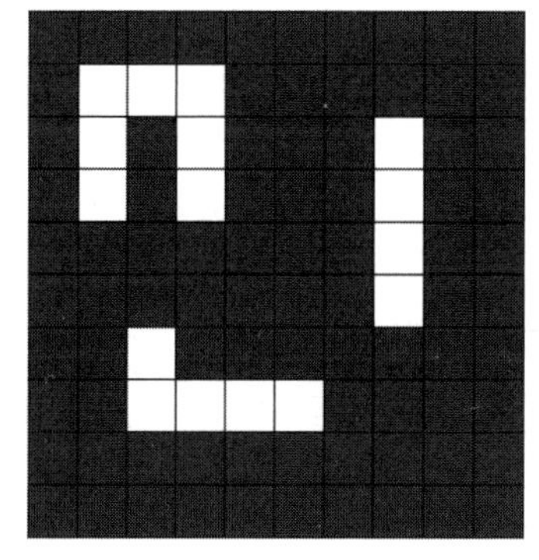

（a）边缘是离散点

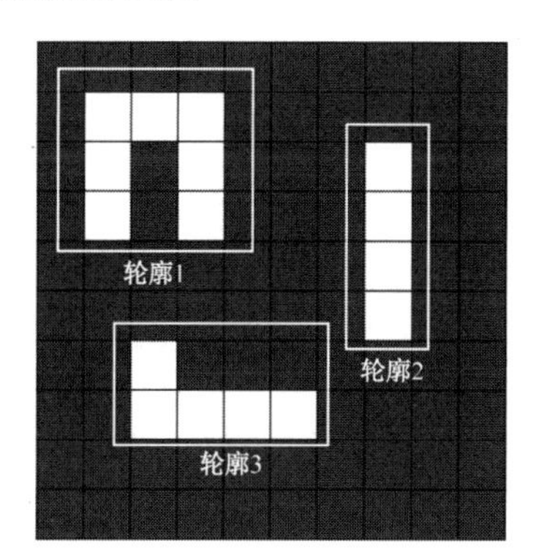

（b）轮廓提取相连的整体

图 7.7 边缘与轮廓的区别

通过对轮廓的操作，能够很容易地获取图像中目标的大小、位置、方向等信息，进而进一步对图像目标进行分析处理，如使用 OpenCV 提供的轮廓提取函数提取道路车辆轮廓后，进行车辆跟踪、计算道路车流量等。

7.2 任务内容

7.2.1 任务分析

本章的任务是完成车流量计数，即通过道路上摄像头拍摄的视频分析通过车流的数量。完整的车流量计数系统通常由硬件系统和软件系统组成，硬件包括摄像设备、闪光灯、传感器、其他关联设备等，软件则主要具有车流量计数功能和大数据分析功能。车流量计数的应用场景非常多，小的方面可以应用在红绿灯路口，通过摄像头收集路口的车流量，辅助红绿灯系统的智能切换，起到缓解交通的作用；大的方面，可在高速区段设置车流量检测，根据不同时期和位置的车流量变化，能够分析区段交通与当地经济发展的变化关系。由此可以看出，车流量计数系统的使用具有深刻的现实意义。

在进行计数统计之前，首先要读取到视频信息。在实际应用中，可以直接从摄像头读取视频，对于摄像头采集的历史视频文件，也可以进行读取和处理。本次任务采用直接读取视频文件的方式。对视频的处理主要为：提取视频中运动目标（即车辆）的轮廓；基于车辆轮廓统计车辆的数量。由于视频的本质是静态图像序列，如何判断前后帧中两个目标是同一个目标，是比较关键的问题。这里采用的是简单的比较法，即比较当前帧中目标车辆与上一帧中某辆车的距离小于某个像素数阈值，就认为是同一辆车。实现过程中，需要对车辆建模，设置 Car 对象类和列表，每次出现新目标就创建一个新的 Car 对象存入列表中，同时数量加 1，等该车辆超出计数范围后从列表中销毁。由于是直接对轮廓进行处理，对轮廓的提取精度要求比较高，在任务过程中，可以尝试使用不同的运动目标检测方法和轮廓提取方法，比较计数效果。

7.2.2 任务过程分解

车流量计数器的实现步骤主要有读取视频、运动目标检测、轮廓提取、车流计数等，如图 7.8 所示。视频可以直接从摄像头读取，也可以读取历史道路监控视频文件。由于这类视频的摄像头几乎都是不变的，可以判断是基于静态背景的识别，同时，为了适应不同时间段光线的变化，在第 2 步采用了背景减除法进行车辆目标进行识别。车辆目标识别的结果还需要进行进一步的滤波去噪和形态学处理，再用于下一步的轮廓提取。轮廓提取的作用是将单个车辆从图像中抓取出来，而不再是离散的像素点，这有利于后续的计算分析。最终，通过视频的分析处理，能够输出上行车辆数、下行车辆数和实时车速等信息。

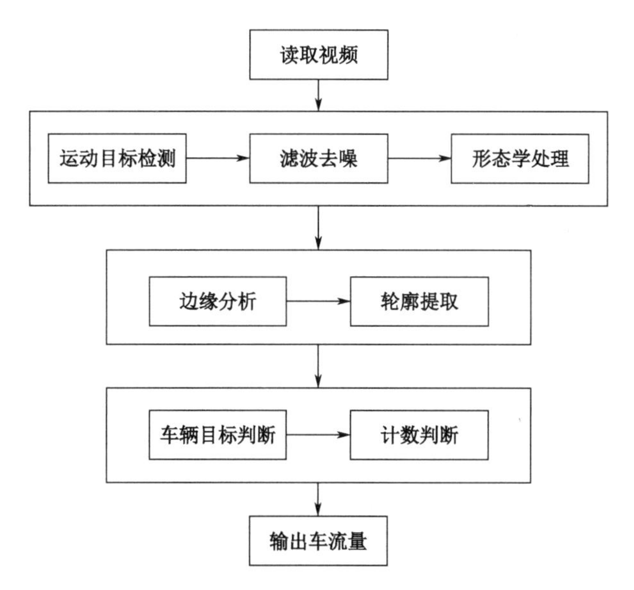

图 7.8 车流量计数器的实现步骤

7.2.3 函数语法

1. 视频处理

OpenCV 的视频处理类有 VideoCapture 和 VideoWriter。VideoCapture 类用于视频读取，VideoWriter 类用于视频保存。下面介绍与视频读取和保存相关的主要函数。

（1）VideoCapture()、open()、isOpened()函数。

VideoCapture 类的构造函数 VideoCapture()用于完成开启摄像头等初始化工作，传入对应的参数后可以直接打开视频文件或调用摄像头。VideoCapture()函数的语法格式如下。

```
VideoCapture对象 = VideoCapture(deviceID|fileName)
```

其中，通过 VideoCapture()函数得到的是一个 VideoCapture 类对象，传入的参数可以是 deviceID，即摄像头的 ID 号码，也可以是 fileName，即视频文件的路径。

当输入参数是 deviceID 时，表示用于初始化摄像头。deviceID 的默认值是-1，表示随机选择一个摄像头；当有多个摄像头时，可以通过设置数字指定其中某个摄像头，如 0 表示第 1 个摄像头，1 表示第 2 个摄像头，以此类推。如要初始化当前摄像头，示例语句如下。

```
cap = cv2.VideoCapture(0)
```

当输入参数为 fileName 时，表示用于初始化视频文件。此处的 fileName 可以是绝对路径，也可以是相对路径。在读取 Windows 路径的时候，在路径字符串前面加上“r”字符，可以把字符串转换为非转义的原始字符串，避免路径编辑错误。初始化视频文件的示例语句如下。

```
cap = cv2.VideoCapture("D:\test\input.avi")
```

或

```
cap = cv2.VideoCapture(r"D:\test\input.avi")
```

r 字符的应用在 Python 编程中非常常见，特别是在读写 Windows 路径时。当在 Windows 环境中运行 print("D:\\test\\test.avi")和 print(r"D:\\test\\test.avi")时，输出结果分别为 D:\test\test.avi 和 D:\\test\\test.avi，添加“r”字符后，字符串中的转义字符“\\”失效，变成了普通的字符串。

为了验证初始化是否成功，可以使用 VideoCapture 类的 isOpened()函数。该函数返回当前摄像头或视频文件的初始化状态，如果初始化成功，返回 True，否则返回 False。当返回的是 False 时，还可以通过 open()函数打开摄像头或视频文件。isOpened()和 open()函数的使用案例如下。

```
cap = cv2.VideoCapture()
if not cap.isOpened():
    cap.open(0)
```

上面是使用 open()函数打开摄像头。打开视频文件的案例如下。

```
cap = cv2.VideoCapture()
if not cap.isOpened():
    cap.open(r"input.avi")
```

（2）get()、set()函数。

获取到 VideoCapture 类的初始化对象后，通过 get()和 set()函数可以获取和设置 VideoCapture 类对象的属性。获取和设置帧速率的示例语句如下。

```
fps = cap.get(cv2.CAP_PROP_FPS)
cap.set(cv2.CAP_PROP_FPS,60)
```

从示例语句中可以看出，VideoCapture 类对象的属性实际上是一系列枚举常量，在获取和设置的过程中，可以通过属性名称，也可以直接使用对应的属性值。VideoCapture 类常见属性如表 7.3 所示。

表 7.3　VideoCapture 类常见属性

属　性	属 性 值	含　义
cv2.CAP_PROP_POS_MSEC	0	当前帧的时间戳，单位为 ms
cv2.CAP_PROP_POS_FRAMES	1	下一帧的索引，索引从 0 开始
cv2.CAP_PROP_POS_AVI_RATIO	2	视频文件的相对位置，0 为开始，1 为结束
cv2.CAP_PROP_FRAME_WIDTH	3	帧的宽度
cv2.CAP_PROP_FRAME_HEIGHT	4	帧的高度
cv2.CAP_PROP_FPS	5	帧速率
cv2.CAP_PROP_FOURCC	6	用 4 个字符表示的视频编码器格式

（3）read()、grab()、retrieve()函数。

VideoCapture 类的 read()函数用于读取帧。该函数的语法格式如下。

```
read([, image]) -> retval, image
```

其中，image 为读取到的帧，类型为图像；retval 为读取状态，读取成功返回 True，否则返回 False。读取 VideoCapture 类对象 cap 的下一帧示例语句如下。

```
ret,frame = cap.read()
```

实际上，read()函数可以分解为 grab()函数和 retrieve()函数，grab()函数用于索引下一帧，retrieve()函数用于解码并返回帧。于是上面的示例语句还可以变为以下形式。

```
isSuccess = cap.grab()
ret,frame = cap.retrieve()
```

（4）release()函数。

完成摄像头或视频的使用后，释放摄像头或视频文件资源的函数是 VideoCapture 类的 released()函数。释放 VideoCapture 类对象 cap 的示例语句如下。

```
cap.release()
```

【例 7.1】使用 VideoCapture 类捕捉当前摄像头画面。代码如下。

```
import cv2
cap = cv2.VideoCapture(0)
if not cap.isOpened():
    cap.open(1)
while cap.isOpened():
    ret,frame = cap.read()
    cv2.imshow("result",frame)
    key = cv2.waitKey(1)
    if key == 27:
        break
cap.release()
cv2.destroyAllWindows()
```

代码运行后，会自动播放计算机摄像头拍摄到的图像。此处需要注意的是，waitKey()函数的参数不再是前面普遍设置的 0，而是 1，表示等待 1ms 后继续向后执行，直到遇到退出键被按下，程序跳出循环并释放 VideoCapture 对象 cap，关闭所有窗口。

（5）VideoWriter()、write()函数。

OpenCV 的 VideoWriter 类提供了视频保存等相关功能，其构造函数 VideoWriter()用于初始化 VideoWriter 对象。该函数的语法格式如下。

```
writer = cv2.VideoWriter(filename,fourcc,fps,size,isColor)
```

其中，writer 是 VideoWriter 对象；filename 是保存的路径；fps 是帧速率；size 是保存的帧尺寸；isColor 表示是否为彩色图像；fourcc 是视频的编/解码格式。fourcc 通过 4 字代码表示编码格式，且代码顺序不能改变。常用 fourcc 代码如表 7.4 所示。

表 7.4　常用 fourcc 代码

fourcc 代码	编码格式	文件格式
('P','I','M','1')	MPEG-1	.avi

续表

fourcc 代码	编 码 格 式	文 件 格 式
('M','J','P','G')	motion-jpeg	.mp4,.avi
('M','P','4','2')	MPEG-4.2	.avi
('D','I','V','3')	MPEG-4.3	.avi
('D','I','V','X')	MPEG-4	.avi
('X','2','6','4')	H264	.mkv
('F','L','V','1')	FLV1	.flv
('W','M','V','1')	WMV1	.wmv

fourcc 的设定可以通过 4 个独立字符拼接或 4 个字符的字符串形式传递。初始化 VideoWriter 对象时，fourcc 的示例语句如下。

```
fourcc = cv2.VideoWriter_fourcc('M','J','P','G') #4个独立字符拼接的形式
```

或

```
fourcc = cv2.VideoWriter_fourcc(*'MJPG')         #4个字符的字符串的形式
videoWriter = cv2.VideoWriter('video.avi',fourcc,20,(600,600))
```

此处需要注意的是，编码格式与文件格式要匹配，如此处的编码格式是('M','J','P','G')，即 MPEG 格式，那么保存的视频文件的文件后缀就应该是.avi 或.mp4，而不能是.wmv。同时，根据具体的需求，可以选择不同的编码方式，通常 DIVX 的压缩能力强于 MJPG，X264 可以得到更小的视频。

完成初始化后，通过 write()函数可以写入帧。将图像 frame 写入到 videoWriter 对象的示例语句如下。

```
videoWriter.write(frame)
```

完成视频写入后，同样要通过 release()函数释放 videoWriter 对象。

【例 7.2】使用 VideoWriter 类捕捉当前摄像头画面并保存前 100 帧为 output.avi 视频文件。代码如下。

```
import cv2

cap = cv2.VideoCapture(0)
width = int(cap.get(cv2.CAP_PROP_FRAME_WIDTH))
height = int(cap.get(cv2.CAP_PROP_FRAME_HEIGHT))
```

```
print(width,height)
fourcc = cv2.VideoWriter_fourcc('M','J','P','G')
out = cv2.VideoWriter('output.avi', fourcc, 20, (width, height))
framecount = 0
while cap.isOpened():
    ret, frame = cap.read()
    if ret:
        out.write(frame)
        cv2.imshow("output",frame)
        cv2.waitKey(1)
        framecount += 1
        if framecount>100:
            break
cap.release()
out.release()
cv2.destroyAllWindows()
```

代码运行后，会捕捉摄像头拍摄的画面。变量 framecount 用于记录帧数，循环 100 次，通过 VideoWriter 类的 write()函数，将从摄像头抓取的帧写入文件中。最后，同目录下会出现一个 output.avi 文件，打开正是代码运行期间抓取的画面。保存的视频文件播放画面如图 7.9 所示。

图 7.9 【案例 7.2】保存视频文件播放画面

2. 运动目标检测

OpenCV 提供了多个用于运动目标检测的背景分离函数，常用函数如表 7.5 所示。

表 7.5 常用背景分割函数

运动目标检测函数	描 述
cv2.createBackgroundSubtractorKNN()	K-近邻背景分离法
cv2.bgsegm.createBackgroundSubtractorMOG()	高斯混合模型分离法
cv2.createBackgroundSubtractorMOG2()	升级的高斯混合模型分离法
cv2.bgsegm.createBackgroundSubtractorGMG()	统计贝叶斯分离法
cv2.bgsegm.createBackgroundSubtractorCNT()	CNT 分离法

以上背景分离函数使用的算法虽然不同，但使用的方法大体一致。下面以升级的高斯混合模型 MOG2 分离法为例，介绍背景分离系列函数的使用方法。基于 MOG2 的背景分离法函数的语法格式如下。

```
createBackgroundSubtractorMOG2([, history[, varThreshold[, detectShadows]]]) -> retval
```

其中，retval 是返回的 MOG2 背景分离器；history 是用于训练背景的帧数，如每 20 帧训练一个背景；varThreshold 是高斯建模的阈值；detectShadows 是是否检测阴影区域的开关，Ture 表示检测阴影，False 表示不检测阴影。参数 history、varThreshold、detectShadows 都有默认设置，没有特殊需求，可以不用设置。

通过 createBackgroundSubtractorMOG2()函数得到分离器后，使用分离器检测运动目标的函数是 apply()。

【例 7.3】使用 MOG2 分离法检测视频中的运动目标。代码如下。

```
import cv2
cap = cv2.VideoCapture("input.avi")
BS0 = cv2.createBackgroundSubtractorMOG2(detectShadows=True)
BS1 = cv2.createBackgroundSubtractorMOG2(detectShadows=False)
while cap.isOpened():
    ret, frame = cap.read()
    fgmask0 = BS0.apply(frame) #检测frame的动态目标
    fgmask1 = BS1.apply(frame) #检测frame的动态目标
```

```
        cv2.imshow("result with shadow", fgmask0)
        cv2.imshow("result without shadow", fgmask1)
        key = cv2.waitKey(1)
        if key == 35:
            break
    cap.release()
    cv2.destroyAllWindows()
```

代码运行后，检测阴影的分离器效果如图 7.10（a）所示，不检测阴影的分离器效果如图 7.10（b）所示。从结果可以看出，detectShadows 设置为 True 时，运动目标的阴影区域会以灰色的方式与主体区分开来。另外，MOG2 分离的背景区域有出现很多噪点、运动目标区域内存在空洞、目标与目标之间存在连接等现象，通过额外增加滤波去噪、形态学操作可以改善这些问题。

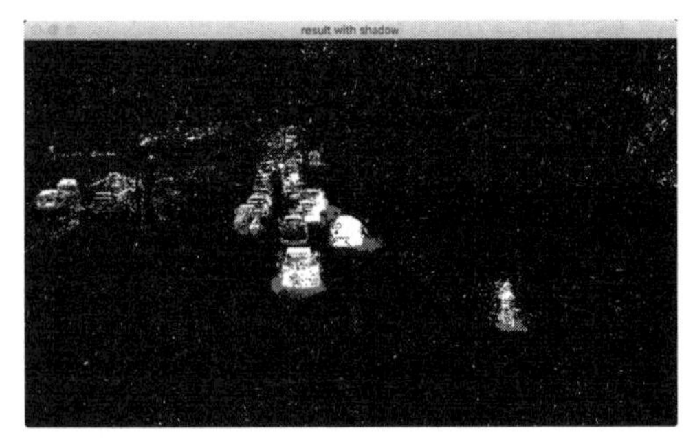

（a）detectShadows=True　　（b）detectShadows=False

图 7.10　【例 7.3】运行结果

3. 边缘检测

获得运动目标区域图后，下一个目标是将目标与目标分离，用于后期分析处理。要达到目标分离的目的，第一步是检测目标的边缘。在边缘检测方面，OpenCV 提供了梯度函数 Sobel()、Scharr()、Laplacian()，以及边缘检测函数 Canny()。

（1）Sobel()函数。

Sobel()函数可以实现 Sobel 算子运算。该函数的语法格式如下。

```
Sobel(src, ddepth, dx, dy[, dst[, ksize[, scale[, delta[,
```

```
borderType]]]]]) -> dst
```

其中，src 为输入图像；ddepth 是输出图像的深度，设置为-1 表示使用输入图像的深度；dx 是水平方向的求导阶数，dy 是垂直方向的求导阶数，dx 和 dy 的取值为 0 或 1，0 表示该方向上没有求导，1 表示该方向上有求导，于是可能的设置组合为（dx:1,dy:0）或（dx:0,dy:1），分别用于检测水平方向和垂直方向的边缘；dst 是输出图像；ksize 是 Sobel 算子的大小，设置为-1 表示使用默认算子；scale 是缩放因子，设置为 1 表示原始大小；delta 是输出图像的附加值，默认为 0；borderType 是边界样式。通常没有特殊需求的情况下，中括号括起来的参数都可以采用默认值而不需要特别设置，可以不用深究。

【例 7.4】使用 Sobel 算子检测视频图像的边缘。代码如下。

```
import cv2
cap = cv2.VideoCapture("input.avi")
while cap.isOpened():
    ret,frame = cap.read()
    sobel_horizontal = cv2.Sobel(frame,-1,1,0)
    sobel_vertical = cv2.Sobel(frame,-1,0,1)
    cv2.imshow("sobel-h",sobel_horizontal)
    cv2.imshow("sobel-v",sobel_vertical)
    cv2.imshow("sobel-v-h",sobel_vertical+sobel_horizontal)
    key=cv2.waitKey(1)
    if key==27:  #等待esc键被按下
        break
cap.release()
cv2.destroyAllWindows()
```

代码运行结果如图 7.11 所示。Sobel 算子只能检测水平方向或垂直方向的边缘，如果要达到同时检测两个方向的效果，可以采用案例中的方式，先分别得到水平和垂直方向的边缘检测结果，再将结果相加。

（2）Scharr()函数。

Scharr 算子相较于 Sobel 算子精度更高，OpenCV 提供的 Scharr()函数，其使用方法与 Sobel()函数是一样的，在此不再赘述。

（a）水平边缘检测　　（b）垂直边缘检测　　（c）水平+垂直边缘检测

图 7.11　【例 7.4】运行结果

【例 7.5】使用 Scharr 算子检测视频图像的边缘。代码如下。

```
import cv2
cap = cv2.VideoCapture("input2.avi")
while cap.isOpened():
    ret,frame = cap.read()
    scharr_horizontal = cv2.Scharr(frame,-1,1,0)
    scharr_vertical = cv2.Scharr(frame,-1,0,1)
    cv2.imshow("scharr-h",scharr_horizontal)
    cv2.imshow("scharr-v",scharr_vertical)
    cv2.imshow("scharr-v-h",scharr_vertical+scharr_horizontal)
    key=cv2.waitKey(1)
    if key==27: #等待esc键被按下
        cv2.waitKey(0)
cap.release()
cv2.destroyAllWindows()
```

代码运行结果如图 7.12 所示。

（3）Laplacian()函数。

Laplacian 可以支持不同方向的图像边缘检测，OpenCV 提供的 Laplacian()函数的语法格式如下。

```
Laplacian(src, ddepth[, dst[, ksize[, scale[, delta[, borderType]]]]])
-> dst
```

其参数含义与 Sobel()和 Scharr()函数是一样的，由于 Laplacian 算子不需要设置水平或垂直边缘，参数中少了 dx 和 dy。

（a）水平边缘检测

（b）垂直边缘检测

（c）水平+垂直边缘检测

图 7.12 【例 7.5】运行结果

【例 7.6】使用 Laplacian 算子检测视频图像的边缘。代码如下。

```
import cv2
cap = cv2.VideoCapture("input2.avi")
while cap.isOpened():
    ret,frame = cap.read()
    laplacian = cv2.Laplacian(frame,-1)
    cv2.imshow("input",frame)
    cv2.imshow("laplacian",laplacian)
    key=cv2.waitKey(1)
    if key==27:
        break
cap.release()
cv2.destroyAllWindows()
```

代码运行结果如图 7.13 所示。其中，左边是原始输入视频，右边是 Laplacian 算子检测结果。

（4）Canny()函数。

Canny 边缘检测法整合了梯度计算、滤波去噪、边缘阈值分割等能力，能够更好地体现主体，效果更理想。OpenCV 提供的 Canny()函数的语法格式如下。

```
    Canny(image, threshold1, threshold2[, edges[, apertureSize[,
L2gradient]]]) -> edges
```

（a）输入视频

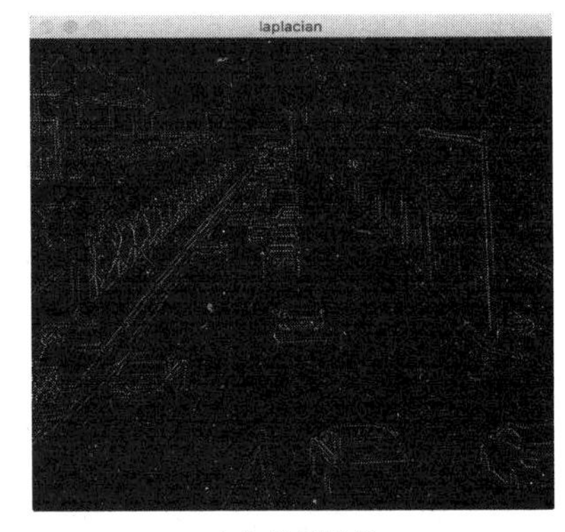

（b）检测结果

图 7.13 【例 7.6】运行结果

其中，image 为输入图像；threshold1 是 minVal；threshold2 是 maxVal；edges 是输出结果；apertureSize 是 Sobel 算子的大小；L2gradient 是图像梯度幅度。

【例 7.7】使用 Canny()函数进行视频图像的边缘检测。代码如下。

```
import cv2
cap = cv2.VideoCapture("input2.avi")
while cap.isOpened():
    ret,frame = cap.read()
    canny = cv2.Canny(frame,128,200)
    cv2.imshow("input",frame)
    cv2.imshow("Canny",canny)
    key=cv2.waitKey(1)
    if key==27:
        break
cap.release()
cv2.destroyAllWindows()
```

代码运行结果如图 7.14 所示。其中，左边是原始输入视频，右边是 Canny 方法检测结果。

4. 轮廓提取

边缘检测的结果是离散的，还不能进行处理。轮廓提取却可以将目标从图像中提取出来，用于后续的分析处理。

（a）输入视频　　　　（b）检测结果

图 7.14　【例 7.7】运行结果

（1）findContours()、drawContours()函数。

findContours()函数用于查找轮廓，drawContours()函数用于绘制轮廓。findContours()函数的语法格式如下。

```
findContours(image, mode, method) -> image, contours, hierarchy
```

其中，image 是输入图像；mode 是轮廓检索模式；method 是轮廓的表示方式；contours 是返回的轮廓；hierarchy 是轮廓层次。这里要重点关注返回的 contours 和 hierarchy，然后是 mode 和 method 参数。

contours 是 list 的集合，每个 list 元素都记录了一个完整的轮廓，通过读取 contours 的元素个数、元素的形状大小，可以解析记录的轮廓数和轮廓形状。

hierarchy 记录轮廓的层次关系，如有的轮廓在另一个轮廓的内部，那么将内部轮廓称为子轮廓，外部轮廓称为父轮廓。每个轮廓都对应 4 个层次元素，即 Next、Previous、First_Child、Parent，分别表示后轮廓、前轮廓、第一个子轮廓、父轮廓。

mode 参数决定了轮廓的提取方式，可选方式如表 7.6 所示。

method 参数设定表达轮廓的方式，可选方式如表 7.7 所示。

表 7.6　mode 参数的可选方式

mode 参数	含　义
cv2.RETR_EXTERNAL	只检测外轮廓
cv2. RETR_LIST	不建立层次关系
cv2. RETR_CCOMP	检测所有轮廓，建立两级层次结构（父轮廓和子轮廓）
cv2. RETR_TREE	建立等级树结构的轮廓

表 7.7　mehod 参数的可选方式

method 参数	含　义
cv2.CHAIN_APPROX_NONE	存储所有轮廓点
cv2.CHAIN_APPROX_SIMPLE	压缩水平、垂直、对角线方向的元素，只保留终点坐标，如用 3 个点表示三角形轮廓
cv2.CHAIN_APPROX_TC89_L1	使用 teh_Chin1 chain 近似算法的一种风格
cv2.CHAIN_APPROX_TC89_KCOS	使用 teh_Chin1 chain 近似算法的一种风格

drawContours()函数用于绘制图像轮廓。该函数的语法格式如下。

```
    drawContours(image, contours, contourIdx, color[, thickness[,
lineType[, hierarchy[, maxLevel[, offset]]]]]) -> image
```

其中，image 为绘制轮廓的画布图像；contours 是通过 findContours()函数提取到的轮廓序列；contourIdx 是要绘制的轮廓索引，如果该值为负数，表示全部轮廓，如果为 0 或 0 以上的整数，则表示轮廓序列的下标值；color 是绘制的颜色，以 BGR 的格式表示；其他可选的参数有绘制线条粗细 thinckness、线条类型 lineType、层次信息 hierarchy、轮廓层次的深度 maxLevel 和偏移参数 offset。

【例 7.8】提取道路车辆的所有轮廓并绘制出来。代码如下。

```
import cv2
import numpy as np

im = cv2.imread("0.png",0)
cv2.imshow("input",im)
#二值分割
ret,binary = cv2.threshold(im,220,255,cv2.THRESH_BINARY)
cv2.imshow("binary",binary)
#中值滤波
```

```
    image = cv2.medianBlur(binary, 5)
    # 形态学去噪
    element = cv2.getStructuringElement(cv2.MORPH_RECT, (7, 7));  # 创建
结构体
    # 闭运算、开运算
    image2 = cv2.morphologyEx(image, cv2.MORPH_CLOSE, element,
iterations=3);
    image3 = cv2.morphologyEx(image2, cv2.MORPH_OPEN, element,
iterations=3)
    cv2.imshow("denoise",image3)
    #获取轮廓
    image,coutours,hierarchy = cv2.findContours(image3,cv2.RETR_EXTERNAL,
cv2.CHAIN_APPROX_NONE)
    #准备画布
    bgimage = np.zeros(im.shape,im.dtype)
    #绘制轮廓
    drawim = cv2.drawContours(bgimage,coutours,-1,255,5)
    cv2.imshow("result",drawim)
    cv2.waitKey(0)
    cv2.destroyAllWindows()
```

下面对代码进行分析。代码读取到图像后，第 1 步是对图像进行二值化处理，提取出车辆的区域；第 2 步对二值图像进行中值去噪和形态学去噪，滤除周围环境的噪声；第 3 步使用 findContours()函数提取轮廓序列 coutours；最后绘制轮廓，此时准备了一个背景全黑的画布 bgimage，并将 coutours 中的轮廓全部绘制到画布上。

代码运行结果如图 7.15 所示。

（2）contourArea()、boundingRect()函数。

通过 findContours()函数获取到轮廓序列后，本次任务中，用于判断轮廓是否是车辆的标准是：轮廓面积与轮廓矩形边框的面积比必须大于 40%，这需要获取到轮廓的面积和轮廓矩形边框的面积。正好，OpenCV 提供了 contourArea()函数计算轮廓的面积，提供了 boundingRect()函数获取轮廓的矩形边界。

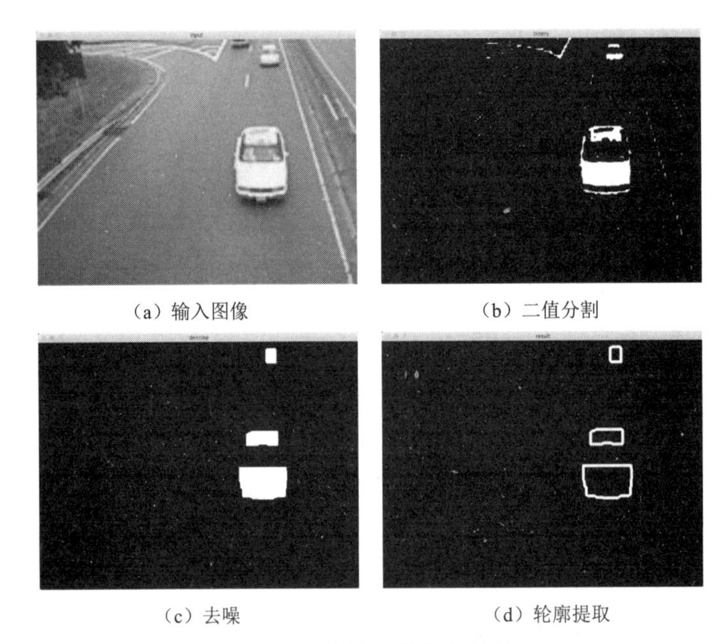

（a）输入图像　（b）二值分割　（c）去噪　（d）轮廓提取

图 7.15　【例 7.8】运行结果

contourArea()函数的语法格式如下。

```
contourArea(contour[, oriented]) -> retval
```

其中，contour 是轮廓序列中的单个轮廓对象；oriented 表示是否支持正负数，默认是 False，即返回绝对值；retval 是返回的面积值。

boundingRect()函数的语法格式如下。

```
boundingRect(points) -> x,y,w,h
```

其中，points 是灰度图或轮廓；返回的 4 个分量 x、y、w、h，分别是矩形边界左上角顶点的横坐标值和纵坐标值、矩形边界宽度和高度。再结合 rectangle()、putText()函数，就可以将目标以矩形框和文字的形式标注出来。

【例 7.9】读取道路车流视频文件，标注出经过的车辆。代码如下。

```
import cv2
cap = cv2.VideoCapture("input2.avi")
BS = cv2.createBackgroundSubtractorMOG2(detectShadows=True)

while cap.isOpened():
```

```
        ret,frame = cap.read()
        fgmask = BS.apply(frame)
        image = cv2.medianBlur(fgmask, 5)
        # 形态学去燥
        element = cv2.getStructuringElement(cv2.MORPH_RECT, (5, 5));
        image2 = cv2.morphologyEx(image, cv2.MORPH_CLOSE, element,
iterations=5);
        image3 = cv2.morphologyEx(image2, cv2.MORPH_OPEN, element,
iterations=5)
        cv2.imshow("binary",image3)
        # canny边缘检测
        image3 = cv2.Canny(image3, 128, 200)
        #轮廓提取
        images, contours, hierarchy = cv2.findContours(image3, cv2.RETR_
EXTERNAL, cv2.CHAIN_APPROX_NONE)
        #遍历轮廓，判断车辆并标注
        for cnt in contours:
            x, y, w, h = cv2.boundingRect(cnt)
            ratio = cv2.contourArea(cnt) / (w * h)
            if ratio>0.4:
                cv2.rectangle(frame, (x, y), (x + w, y + h), (0, 0, 255), 3)
                cv2.putText(frame,"car",(x,y),cv2.FONT_HERSHEY_SIMPLEX,
0.5,(0, 0, 255), 2)

        cv2.imshow("result",frame)
        key=cv2.waitKey(1)
        if key==27:
            cv2.waitKey(0)
    cap.release()
    cv2.destroyAllWindows()
```

代码运行结果如图 7.16 所示。其中，左边是使用背景分离法检测运动目标的结果，右边是车辆标注结果。

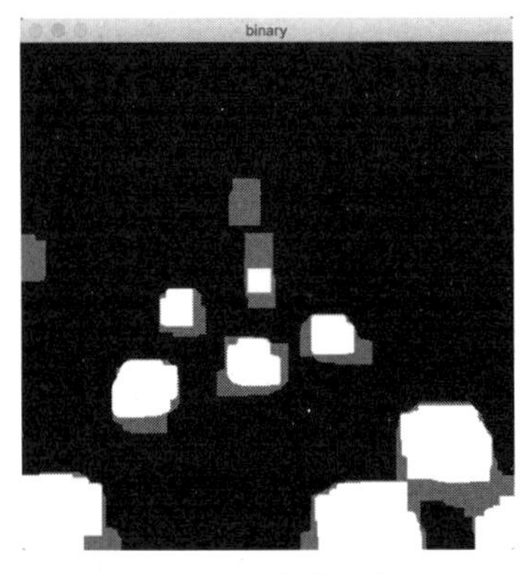

（a）运动目标检测结果　　（b）标注结果

图 7.16 【例 7.9】运行结果

7.3 编程实现

车流量计数器小程序的全部代码如下。

```
import cv2
import datetime
class Car:
    def __init__(self,c_id,c_x,c_y,direction,c_count,c_start_time,
c_over_time,c_v):
        self.c_id = c_id
        self.c_x=c_x
        self.c_y=c_y
        self.direction = direction
        self.c_count = c_count
        self.c_start_time = c_start_time
        self.c_over_time = c_over_time
        self.c_v = c_v
    def updateCoords(self,x,y):
```

```
            self.c_x=x
            self.c_y=y

    # 车流量计数器任务的实现步骤主要有读取视频、运动目标检测、轮廓提取、车流计数
    if __name__ == "__main__":

        count_up = 0
        count_down = 0
        cars = []
        pid = 1
        max_v = 0
        cap = cv2.VideoCapture(r"input2.avi")
        framew = int(cap.get(cv2.CAP_PROP_FRAME_WIDTH))
        frameh = int(cap.get(cv2.CAP_PROP_FRAME_HEIGHT))
        fourcc = cv2.VideoWriter_fourcc('M', 'J', 'P', 'G')
        out = cv2.VideoWriter('output.avi',fourcc,20,(framew,frameh))
        #初始化背景分离器
        BS = cv2.createBackgroundSubtractorMOG2(detectShadows=True)
        while cap.isOpened():
            ret, frame = cap.read()
            fgmask = BS.apply(frame)
            #中值滤波
            image = cv2.medianBlur(fgmask,5)
            #形态学去燥
            element = cv2.getStructuringElement(cv2.MORPH_RECT,(5, 5))
            image2 = cv2.morphologyEx(image, cv2.MORPH_CLOSE,element,
iterations=5)
            image3 = cv2.morphologyEx(image2, cv2.MORPH_OPEN, element,
iterations=5)
            cv2.imshow("binary",image3)
            #canny边缘检测
            image3 = cv2.Canny(image3,128,200)
            #轮廓提取
            images,contours, hierarchy = cv2.findContours(image3, cv2.RETR_
EXTERNAL, cv2.CHAIN_APPROX_NONE)
```

```
        #画3条白线
        up,middle,down = (200,280,350)
        cv2.line(frame, (0, up), (framew, up), (255, 255, 255), 2)
        cv2.line(frame, (0, middle), (framew, middle), (255, 255, 255), 2)
        cv2.line(frame, (0, down), (framew, down), (255, 255, 255), 2)
        #绘制文字
        cv2.putText(frame,"Up:"+str(count_up),(20,50),cv2.FONT_
HERSHEY_COMPLEX, 1,(255,0,0),3)
        cv2.putText(frame, "Down:" + str(count_down),(int(framew/2),
50), cv2.FONT_HERSHEY_COMPLEX, 1, (255, 0, 0), 3)
        cv2.putText(frame, "max_v:" + str('%.2f' %(max_v))+'km/h', (10,
100), cv2.FONT_HERSHEY_COMPLEX, 1, (255, 0, 0), 2)
         #如果这一帧没有检测到任何车，则将cars置空，减小误差,设置初始变量isNull
为True
        isNull = True
        for cnt in contours:
            x, y, w, h = cv2.boundingRect(cnt)
            cx = int(x + w / 2)
            cy = int(y + h / 2)
            ratio = cv2.contourArea(cnt)/(w*h)
            if ratio>0.4:
                isNull = False #有车时不会清空
                new = True  #是否创建车辆
                for i in cars:
                    #找到这辆车与上一帧中最近的车
                    if abs(cx-i.c_x) <50 and abs(cy - i.c_y)<50:
                        new = False
                        if i.direction =='down' and i.c_count ==False:
                            i.c_over_time = datetime.datetime.now()
                            timeobj = (i.c_over_time - i.c_start_time)
                            i.c_v = abs(cy - i.c_y)/ (timeobj.seconds+1)
                            if i.c_v>max_v:
                                max_v = i.c_v
                            count_down+=1
                            i.c_count=True
```

```
                    if i.direction =='up' and (i.c_count == False):
                        i.c_over_time = datetime.datetime.now()
                        timeobj = (i.c_over_time - i.c_start_time)
                        i.c_v = abs(cy - i.c_y)/ (timeobj.seconds+1)
                        if i.c_v > max_v:
                            max_v = i.c_v
                        count_up+=1
                        i.c_count=True
                    i.updateCoords(cx,cy)#更新车辆位置信息
                if i.c_y<up or i.c_y>down:
                    cars.remove(i) #超过一定范围，删除对象

            if new == True: #符合一定条件，创建对象
                start_time = datetime.datetime.now()
                p = Car(pid, cx, cy, 'unknow', False, start_time ,0,0)
                if p.c_y <up:
                    direction = 'down'
                else:
                    p.direction = 'up'
                cars.append(p)
                pid += 1
            cv2.circle(frame, (cx, cy), 5, (0, 0, 255), -1)
            cv2.rectangle(frame, (x, y), (x + w, y + h), (0, 0, 255), 3)
        if isNull == True:    #该帧没车，清空cars
            cars = []
        cv2.imshow("frame",frame)
        out.write(frame)

        k = cv2.waitKey(1)
        if k == 27:
            break
    cap.release()
    out.release()
    cv2.destroyAllWindows()
```

代码运行结果如图 7.17 所示。其中，左边是背景分离后运动目标捕捉的结果，右边

是车流量计数结果。

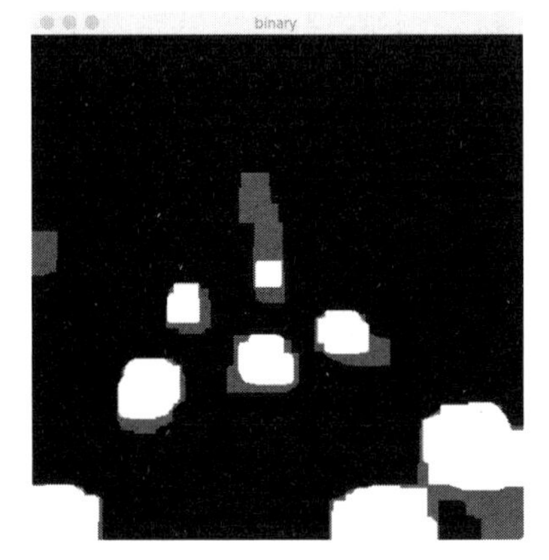

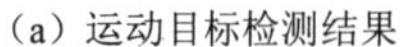

（a）运动目标检测结果

（b）车流量计数结果

图 7.17　车流量计数器运行结果

任务总结

- ✓ 相较于静态图像，视频有其特有的属性，如帧速率、长宽比例、峰值信噪比、编码格式、封装格式和文件格式等。
- ✓ 运动目标检测是指在序列图像中检测出变化区域并将运动目标从背景图像中提取出来。

根据摄像头是否保持静止，运动目标检测可分为静态背景和运动背景两类。常用的方法有帧差法、背景减除法、光流法等。

- ✓ 背景减除法的基本思想是将当前帧与背景模型进行差分比较以实现对运动区域的检测。比较过程中，区别较大的像素区域被认为是运动区域，而区别较小的像素区域被认为是背景区域。

✓ 边缘检测获取到的边缘信息是离散的点，点与点之间没有有意义的联系。图像轮廓是指由边缘点连接起来的一个整体，是图像中非常重要的特征信息。

思考和拓展

1. 尝试更换其他背景分离函数，比较任务效果。
2. 尝试提升计数的准确率。

第 8 章

人脸识别门禁系统

任务背景

基于人脸识别技术的门禁系统越来越多地出现在人们的生活和工作场合中，尤其对于机场、火车站、部队、银行、公检法机构等需要高度安全管控的场所，人脸识别门禁系统的使用更加普遍。对于人类的视觉系统来说，识别人脸很容易，如今机器也可以识别人脸了，但机器是如何做到的呢？

学习重点

- 人脸检测原理
- 人脸识别原理
- 人脸识别应用

任务单

8.1 学习人脸识别的基础知识

8.2 明确任务原理

8.3 编程实现

8.1　人脸识别的基础知识

人脸识别是基于人的脸部特征信息进行身份识别的一种生物识别技术，该技术能够从被摄像机或摄像头采集到的含有人脸的图像或视频流中检测到人脸位置，进而达到识别人脸身份的目的。

人脸识别系统主要包括 4 个组成部分，即人脸采集及检测、预处理、人脸特征提取以及人脸匹配和识别。人脸采集主要通过摄像机或摄像头，使用人脸检测技术可以自动丢掉不含人脸的图像，提高采集效率；预处理部分涉及对人脸图像的二次修正，包括光线补偿、直方图均衡、去噪等图像预处理操作，提升人脸图像的画面质量；人脸特征提取是对人脸进行特征建模的过程，特征模型的选择主要取决于后继匹配和识别的具体要求；人脸匹配和识别部分将待识别的人脸特征与已得到的人脸特征模板进行比较，进而判断人脸身份。

8.1.1　人脸检测

人脸检测是指对于任意一幅给定的图像，采用一定的策略对其进行搜索，以确定其中是否含有人脸，如果有则返回脸的位置、大小和姿态等信息。

目前人脸检测的方法主要有基于知识的检测方法和基于统计的检测方法。基于知识的方法将人脸看作器官特征的组合，根据组合成分（如眼睛、眉毛、嘴巴、鼻子等器官）的特征以及相互之间的几何位置关系来检测人脸，常见方法有模板匹配、纹理特征、颜色特征等；基于统计的方法则将人脸看作一个整体的像素矩阵模式，从统计的观点通过大量人脸图像样本构造人脸模式空间，根据相似度量来判断人脸是否存在，常见方法有主成分分析法、神经网络方法、支持向量机方法、隐马尔可夫模型、Adaboost 算法等。

OpenCV 在基于统计的 Adaboost 算法方向提供了 3 类人脸检测解决方法：Haar 分类器、HOG 分类器和 LBP 分类器。这些分类器都以模型文件的形式提供，可以直接使用。与此同时，OpenCV 也支持自定义人脸检测分类器的训练，此处本书不做扩展。

下面以 Haar 分类器为例，介绍其实现人脸检测的主要过程，其他检测方法此处不做扩展。

1. 准备训练样本集

人脸检测的目的是区分“有人脸”和“无人脸”图像，其本质是一个二分类任务。在二分类任务中，需要准备有人脸的“正样本”和无人脸的“负样本”。

2. 人脸特征提取

Haar 分类器使用的特征是 Haar-like 特征。Haar-like 特征是一类反映图像灰度变化的特征，可分为边界特征、线特征、中心特征和对角特征等类型，其特征模板如图 8.1 所示。这些特征模板内有白色和黑色两种像素矩形。模板的特征值计算方法为：白色矩形区域像素和减去黑色矩形区域像素和。

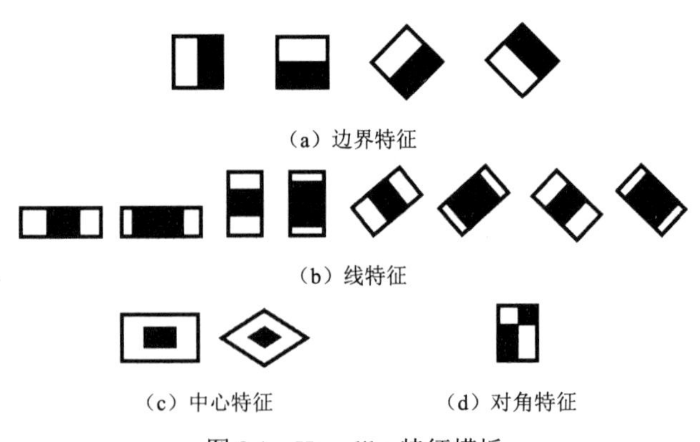

图 8.1　Haar-like 特征模板

Haar-like 特征能够用于人脸检测的前提是，Haar-like 特征能够简单地描述人脸图像的灰度对比特征，如眼睛区域颜色比脸颊区域深，鼻梁两侧比鼻梁颜色深，嘴巴比周围颜色深等。当将 Haar-like 特征模板覆盖到人脸区域上，计算出模板区域的特征值，再与非人脸区域的特征值做对比，二者的差距应该是很大的，这也是 Haar-like 特征能够用于区分人脸和非人脸的原因。Haar-like 特征应用于人脸检测的示意图如图 8.2 所示。

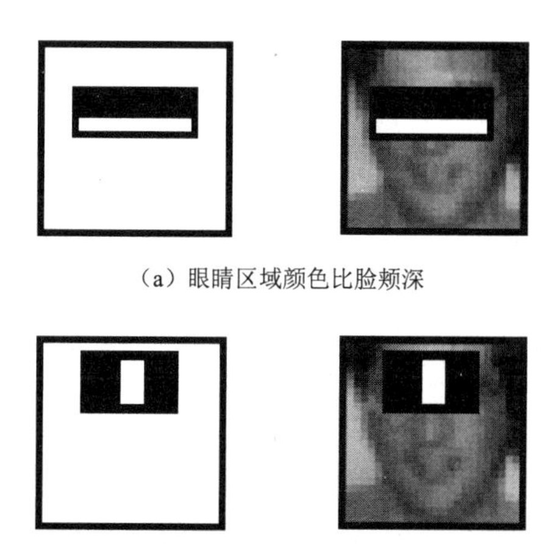

（a）眼睛区域颜色比脸颊深

（b）鼻梁两侧颜色比鼻梁区域深

图 8.2　Haar-like 特征应用于人脸检测示意图

3. 训练级联分类器

获得 Haar-like 特征后，Haar 分类器采用了级联分类器（cascade adaboost classifier）的思路训练人脸分类器，即将多个简单分类器按照一定的顺序连接起来，形成多尺度的分类模型。对于 AdaBoost 算法，本书不做过多扩展，读者只要知道 AdaBoost 是一种训练分类器的算法即可。基于不同的特征组合，AdaBoost 算法可以训练出不同的分类器，如通过“眼睛”特征判断是否为人脸的分类器，通过“鼻梁”特征判断是否为人脸的分类器等。但仅仅通过检测图像中是否有“眼睛”就判断是否为人脸明显是不够的。Haar 分类器将已经训练好的子分类器串联成级联分类器，当所有子分类器都判断为真时，才会最终判断为人脸类别，否则为非人脸类别。级联分类器的原理如图 8.3 所示。

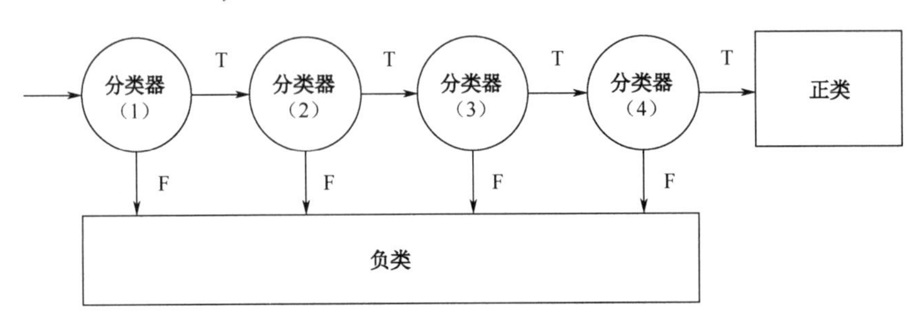

图 8.3　级联分类器的原理

8.1.2　人脸识别

从图像中检测出人脸后，下一步就是区分人脸的身份，即进行人脸识别。人脸识别研究的是如何从一幅图像中提取有意义的特征，并对这些特征进行身份分类，其本质仍然是分类任务。

人脸识别的方法可分为基于几何特征的方法、基于统计的方法和基于模型的方法。基于几何特征的方法采用最直观的方法来识别人脸，即通过标记眼睛、耳朵、鼻子等器官的位置坐标构造出一个特征向量，进而通过计算这些特征向量的欧氏距离来进行识别。基于统计的方法利用统计策略直接从训练图像集合中提取统计特征，并不要求单独抽取眼睛、鼻子等面部特征，常见算法有特征脸（Eigenfaces）方法、局部二值模式（LBP）方法、费舍尔脸（Fisherfaces）方法等。基于模型的方法通过模型算法自动提取特征并进行识别，如基于深度学习的人脸识别方法等。

OpenCV 提供了对 Eigenfaces、LBP 和 Fisherfaces 方法的支持。下面简单介绍 Eigenfaces 方法的过程原理。

Eigenfaces 方法认为任何一张人脸都可以表示为一组特征脸的组合，如一张人脸图像可以描述为特征脸 1 的 10%，加上特征脸 2 的 55%，再减去特征脸 3 的 3%。于是，区分人脸的重点就变成了如何将待识别人脸图像映射到特征脸空间中，在特征脸空间中进行相似性计算。Eigenfaces 方法解决空间转换的方法是主成分分析（Principal Component Analysis，PCA）法。

在对图像进行比较的过程中，如果把每个像素看成一个变量进行比对，会增加判断的复杂性。PCA 法可以从原来的众多变量中找到尽可能少的主要变量，重新组合成一组新的变量集合，在图像处理领域是一种常用的特征提取方法。

Eigenfaces 方法的实现过程如下。

（1）准备不同身份的人脸图像训练集。

（2）采用 PCA 法将人脸图像数据集转换为特征脸子空间。具体做法是：① 将尺寸为(M,M)的训练集图像矩阵串联成长度为 $M \times M$ 的向量，将 N 个图像合并成尺寸为($M \times M$,N)的矩阵，矩阵中的每一行都是一个图像；② 将 N 个人脸图像对应维度相加求出均值向量；③ 将 N 个图像减去均值向量，得到差值图像矩阵；④ 计算协方差矩阵，并对其进行特征值分解，得到特征脸向量；⑤ 选择主成分，具有较大特征值的特征向量会被保留下来。

（3）将新图像投影到特征脸子空间，采用 K—近邻等分类方法判断人脸身份。

由于采用了 PCA 法对特征空间进行了降维，Eigenfaces 方法的计算速度非常快，在效率方面比较有优势。然而，Eigenfaces 方法对光照和角度较敏感，在实际使用中对图像质量的要求比较苛刻，如要求在统一的光照条件下使用正面图像进行识别。相较于 Eigenfaces 方法，LBP 和 Fisherfaces 方法在识别率上的表现相对更好一些。

8.1.3 人脸数据集

人脸数据是识别研究中的重要因素，目前常用的人脸数据集如表 8.1 所示。

表 8.1 常用人脸数据集

数 据 集	图 像 数 目	类 别 数	数量/类	图像大小/px
Yale 人脸数据库	165	15	11	100×100
ORL 人脸数据库	400	40	10	92×112
CAS-PEAL 中国人脸图像数据库	99 594	1 040	65+	640×480
CAS-PEAL-R1 中国人脸共享数据库	30 900	1 040	50+	360×480
FERET 西方人脸数据库	1 400	200	7	80×80

在众多数据集中，ORL 人脸数据库由剑桥大学 AT&T 实验室创建，包含 40 个人共 400 张面部图像，部分志愿者的图像包括了姿态、表情和面部饰物的变化。该人脸数据库在人脸识别研究的早期经常被采用，是学习人脸检测和识别的理想数据集。但由于变化模式较少，多数系统的识别率均可以达到 90%以上，因此进一步利用的价值不高，但在本次任务中作为实验数据库非常适合，后续的任务也将使用到 ORL 人脸数据库。

8.2 任务内容

8.2.1 任务分析

人脸识别门禁系统是基于人脸识别技术的门禁产品，其实用性高、安全可靠，在机场、火车站、部队、银行、公检法机构等需要高度安全管控的场所得到大量运用。人脸识别门禁系统的主要技术是人脸识别算法，在实际编码之前，需要考虑多方面影响识别率的因素，如图像中人脸位置不确定、图像中出现噪声、图像背景复杂、图像大小和角度不一致等。

为了避免以上不良因素的影响，在进行识别之前，需要对图像进行一系列的预处理。首先要定位人脸区域的位置，通过人脸检测技术确定人脸位置后，将人脸区域从背景中分离出来；然后对分离出来的图像进行尺寸和灰度归一化处理。尺寸归一化处理将人脸变化到同一位置和大小，灰度归一化对图像进行光照补偿等处理，以克服光照变化对识别的影响。实际上，人脸匹配和识别的过程就是将新图像的特征与数据集特征库进行比较和归类的过程。因此，在进行分类判断之前，需要提取图像数据集中的人脸特征，用于训练特征模型。

人脸识别的任务主要有两个：多分类任务，判断输入人脸属于数据集中哪一个身份；二分类任务，判断输入人脸的身份真实性。人脸识别门禁系统明显属于前者，如果数据库中能够找到匹配身份，则执行开门操作，否则，提示未识别。

8.2.2　任务过程分解

本次任务主要分为样本采样、训练识别器、人脸识别门禁控制 3 个步骤。样本采集步骤将用户的人脸信息采集到数据库中，每个用户的人脸信息存放在独立的文件夹中，并按照一定规则命名。训练识别器步骤通过特征脸方法训练人脸识别器，识别器文件保存为 faceModel.xml。人脸识别门禁控制步骤则将训练好的识别器用于待识别图像的身份识别，如果待识别图像的身份能够被识别，则执行开门操作，否则，提示未识别。人脸识别门禁系统步骤分解如图 8.4 所示。

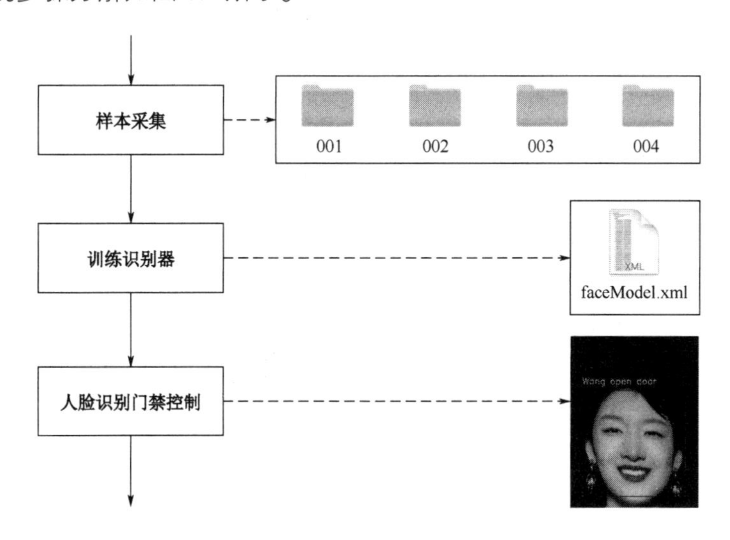

图 8.4　人脸识别门禁系统步骤分解

8.2.3　函数语法

1. 级联分类器

OpenCV 集成了用于级联分类器训练的工具 opencv_haartraining 和 opencv_traincascade，

以及常用的已经训练好的级联分类器，此处着重介绍后者。

OpenCV 提供的级联分类器支持人脸检测、眼睛检查、鼻子检测等功能。这些分类器以 XML 文件的形式存放在 OpenCV 的文件目录中，不同操作系统下可能位置有所区别，如在 Windows 系统中通常存放在 OpenCV 源文件的 data 文件夹中，其他系统中如果找不到，可以直接搜索分类器文件名。此外，还可以通过网络下载需要的级联分类器，如 Haar 级联分类器的下载界面如图 8.5 所示。

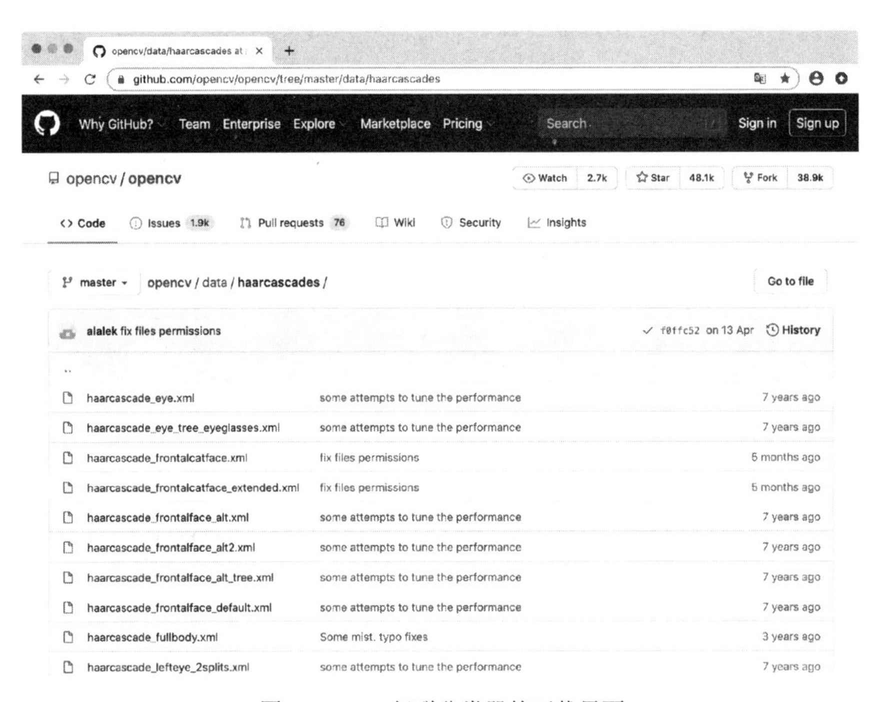

图 8.5　Haar 级联分类器的下载界面

OpenCV 提供了 Haar 类、HOG 类和 LBP 类 3 种类型的级联分类器，分别存放在 haarcascades、hogcascades 和 lbpcascades 文件夹中。其中 Haar 级联分类器的种类多达 20 种，常用的几种如表 8.2 所示。

级联分类器的类是 CascadeClassifier，主要使用的函数有构造函数 cv2.CascadeClassifier() 和检测函数 cv2.CascadeClassifier.detectMultiScale( )。

表 8.2　常用的 Haar 级联分类器

Haar 级联分类器	描　　述
haarcascade_eye.xml	眼睛检测
haarcascade_eye_tree_eyeglasses.xml	眼镜检测
haarcascade_frontalface_default.xml	正面人脸检测
haarcascade_fullbody.xml	身体检测
haarcascade_frontalcatface.xml	猫脸检测
haarcascade_smile.xml	表情检测
haarcascade_profileface.xml	人脸检测

（1）cv2.CascadeClassifier( )函数。

cv2.CascadeClassifier( )是 CascadeClassifier 类的构造函数。该函数的语法格式如下。

```
CascadeClassifier对象 = cv2.CascadeClassifier( filePath )
```

其中，filePath 是级联分类器的文件路径。为了方便项目移植，可以将分类器的 XML 文件复制到项目根目录下的 data 文件夹中，项目文件结构如图 8.6 所示。之后，构造 CascadeClassifier 对象时使用相对路径即可，避免了在不同环境下更换路径的麻烦。于是，构造人脸检测类对象的示例语句如下。

```
face_patterns = cv2.CascadeClassifier(
    '../data/haarcascades/haarcascade_frontalface_default.xml'
)
```

图 8.6　项目文件结构

（2）cv2.CascadeClassifier.detectMultiScale()函数。

CascadeClassifier 类的 detectMultiScale()函数可用于检测图像中所有的人脸。该函数的语法格式如下。

```
detectMultiScale(
    image[, scaleFactor[, minNeighbors[, flags[, minSize[,
maxSize]]]]]
) -> objects
```

其中，image 是输入的待检测图像，后续的参数都是可选项。在可选参数中，scaleFactor 是搜索窗口每次减小的比例；minNeighbors 是检测目标相邻矩形的最小个数，默认值为 3，值越大识别的准确度越高，但也增大了漏检的风险；flags 是使用边缘检测器的类型，通常被忽略；minSize 是目标的最小尺寸；maxSize 是目标的最大尺寸。objects 是返回的目标对象序列，每个对象包含目标矩形框的水平方向坐标、垂直方向坐标、宽度值和高度值。

人脸检测可以应用于静态图像的检测和视频流的实时检测。下面分别对这两种类型的应用进行演示。

【例 8.1】使用 haarcascade_frontalface_default.xml 分类器对静态图像进行人脸检测。代码如下。

```
import cv2
import numpy as np
#构造级联分类器对象
face_cascade = cv2.CascadeClassifier(
    '../data/haarcascades/haarcascade_frontalface_default.xml'
)
src = cv2.imread('../images/input.png')
#检测目标
faces = face_cascade.detectMultiScale(src)
dst = src.copy()
for (x, y, w, h) in faces:
    cv2.rectangle(dst, (x, y), (x+w, y+h), (0, 255, 0), 2)
cv2.imwrite('result.jpg', dst)
# 水平组合
```

```
imghstack = np.hstack((src, dst))
cv2.imshow("input-result",imghstack)
cv2.waitKey(0)
cv2.destroyAllWindows()
```

代码运行结果如图 8.7 所示。从结果可以看出，haarcascade_frontalface_default 分类器准确地识别出了人脸，而动物的脸部并没有被识别。

图 8.7　【例 8.1】运行结果

【例 8.2】使用 haarcascade_frontalface_default.xml 分类器模拟摄像机的实时人脸检测。代码如下。

```
import cv2
face_cascade = cv2.CascadeClassifier(
    '../data/haarcascades/haarcascade_frontalface_default.xml'
)
camera = cv2.VideoCapture(0)
while (True):
    ret, frame = camera.read()
    gray = cv2.cvtColor(frame, cv2.COLOR_BGR2GRAY)
    # 检测人脸
    faces = face_cascade.detectMultiScale(gray)
    for (x, y, w, h) in faces:
        cv2.rectangle(frame, (x, y), (x + w, y + h), (0, 255, 0), 2)
    cv2.imshow('camera', frame)
    if cv2.waitKey(1) == 27:
        break
camera.release()
cv2.destroyAllWindows()
```

代码运行结果如图 8.8 所示。

图 8.8 【例 8.2】运行结果

2. 人脸识别

OpenCV 人脸识别的类是 face_FaceRecognizer，支持 3 种类型的识别器，分别是基于 PCA 的特征脸识别器（EigenFaceRecognizer）、基于局部二值模式的识别器（LBPHFaceRecognizer）和基于费舍尔变换的人脸识别器（FisherFaceRecognizer）。3 种识别器的构造函数如表 8.3 所示。

表 8.3 OpenCV 人脸识别器的构造函数

识 别 器	构 造 函 数
特征脸（Eigenfaces）	recognizer = cv2.face.EigenFaceRecognizer_create()
局部二值模式（LBP）	recognizer = cv.face.LBPHFaceRecognizer_create()
费舍尔脸（Fisherfaces）	recognizer = cv.face.FisherFaceRecognizer_create()

FaceRecognizer 类提供了人脸识别器的训练和识别函数，即 train()和 predict()。3 种识别器的训练和识别过程都是一样的。下面以特征脸识别器为例，介绍 OpenCV 的人脸识别器训练和识别过程。

（1）cv2.face.EigenFaceRecognizer_create()函数。

OpenCV 的 face 模块提供了 EigenFaceRecognizer_create()函数用于初始化 EigenFaceRecognizer 类对象。其函数语法格式如下。

```
recognizer = cv2.face.EigenFaceRecognizer_create()
```

其中，recognizer 为 EigenFaceRecognizer 类对象。

（2）cv2.face_FaceRecognizer.train()函数。

face_FaceRecognizer 的 train ()函数可用于训练特征脸识别器。其函数语法格式如下。

```
train(src, labels) -> None
```

其中，src 是用于训练的人脸图像序列；labels 是对应的人脸身份标签。假设使用 X 表示训练图像序列，y 表示身份标签序列，x、y 和人脸身份的对应关系如图 8.9 所示。

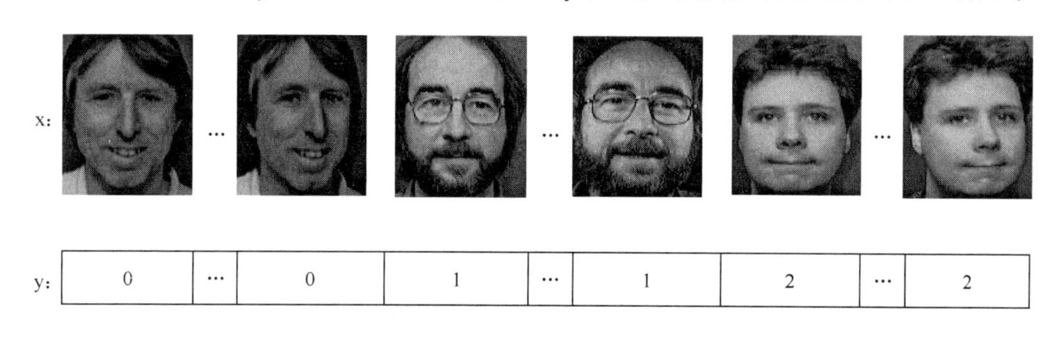

y:	0	…	0	1	…	1	2	…	2

Names:	Balos	Lin	Tingyi
	0	1	2

图 8.9 训练图像序列、身份标签序列与人脸身份的对应关系

在调用 train()函数之前，要提前构造好 X 和 y。使用 train()函数训练识别器的示例语句如下。

```
recognizer = cv2.face.EigenFaceRecognizer_create()
recognizer.train(np.asarray(X), np.asarray(y))
```

（3）cv2.face_FaceRecognizer.write()函数。

训练完成后，可以使用 face_FaceRecognizer 的 write()函数将模型保存为文件。write()函数的语法格式如下。

```
write(filename) -> None
```

其中，filename 是保存的模型文件路径，示例语句如下。

```
recognizer.write("models/facemodel.xml")
```

【例 8.3】使用 EigenFaceRecognizer 训练人脸分类器，并将模型保存为 faceModel.xml 文件。

首先准备训练数据集，将不同身份的人脸图像放置到对应的文件夹中，文件夹以身份名字命名。数据集文件结构如图 8.10 所示。

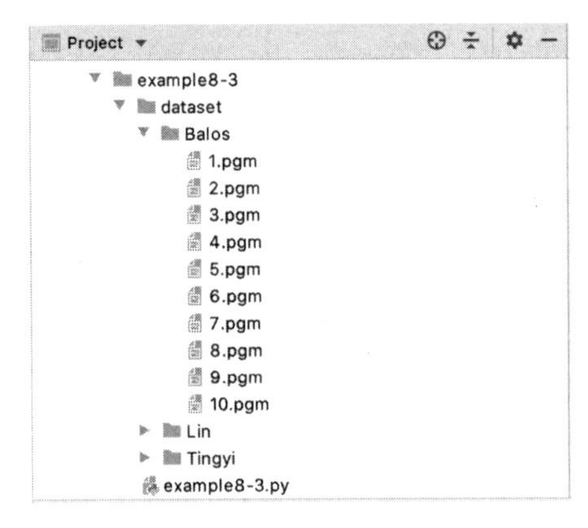

图 8.10 【例 8.3】数据集文件结构

准备好数据集后，新建 Python 文件 example8-3.py，编写代码如下。

```
import cv2, os, sys
import numpy as np

def readDataSet(path, sz=None):
    """
    读取数据集数据
    :param path:数据集文件夹
    :param sz:是否调整尺寸
    :return:返回训练图像序列和身份标签序列 X,y
    """
    c = 0
    X, y = [], []
    for dirname, dirnames, filenames in os.walk(path):
        for subdirname in dirnames:
            subject_path = os.path.join(dirname,
subdirname)# ./data/at/*
            for filename in os.listdir(subject_path):
```

```
                try:
                    if not filename.endswith('.pgm'):
                        continue
                    filepath = os.path.join(subject_path, filename)
                    im = cv2.imread(filepath, cv2.IMREAD_GRAYSCALE)
                    if sz is not None:
                        im = cv2.resize(im, (200, 200))
                    X.append(np.asarray(im, dtype=np.uint8))
                    y.append(c)
                except:
                    print("Unexpected error:", sys.exc_info()[0])
            c = c + 1
    return [X, y]

def trainEigenFaceRecognizer(path):
    """
    训练EigenFaceRecognizer模型
    :param path:数据集文件夹路径
    """
    [X, y] = readDataSet(path,1)
    y = np.asarray(y, dtype=np.int32)
    recognizer = cv2.face.EigenFaceRecognizer_create()
    recognizer.train(np.asarray(X), np.asarray(y))
    recognizer.write("faceModel.xml")

if __name__ == "__main__":
    trainEigenFaceRecognizer('dataset')
```

下面对代码进行分析。首先，定义了读取数据集以构造训练图像序列和身份标签序列的函数 readDataSet()，通过遍历数据集文件夹中的图像，构造训练图像序列 X 和身份标签序列 y。然后定义训练识别器函数 trainEigenFaceRecognizer()，使用 EigenFaceRecognizer_create()函数初始化 face_FaceRecognizer 对象，调用 train()函数训练数据集 X 和 y，调用 write()函数将训练结果保存为 faceModel.xml 文件。代码运行后，在代码文件同一目录下出现了一个名为 faceModel.xml 的新文件。运行结果如图 8.11 所示。

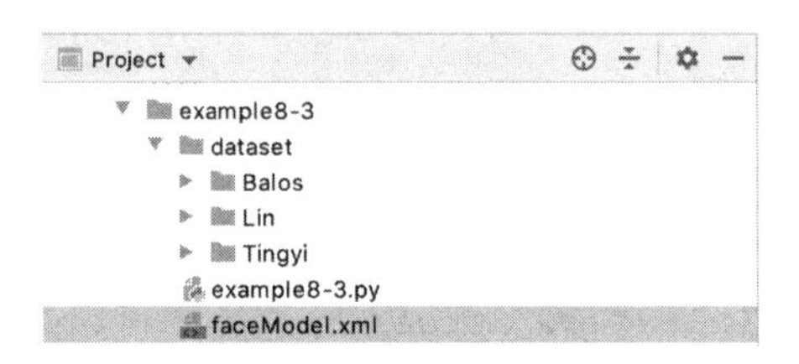

图 8.11 【例 8.3】运行结果

（4）cv2.face_FaceRecognizer.read()函数。

当数据量大的时候，每次使用都重新训练明显行不通，此时，可以通过 face_FaceRecognizer 的 read()函数读取已经训练好的模型文件，直接用于识别新图像。read()函数的语法格式如下。

```
read(filename) -> None
```

其中，filename 为模型文件的路径，示例语句如下。

```
recognizer.read(r"models/facemodel.xml")
```

（5）cv2.face_FaceRecognizer.predict()函数。

模型训练好后，可以通过 predict()函数识别新图像身份。其函数语法格式如下。

```
predict(src) -> label, confidence
```

其中，src 是输入的待识别图像；label 是识别的结果标签；confidence 是置信度评分，评分越高，表示结果可信度越差。

【例 8.4】使用【例 8.3】的识别器模型预测新图像，并输出匹配结果标签和置信度。代码如下。

```
import cv2
names = ['Balos', 'Lin', 'Tingyi']
recognizer = cv2.face.EigenFaceRecognizer_create()
recognizer.read('example8-3/faceModel.xml')
img = cv2.imread('../images/input2.png')
#人脸检测
face_cascade = cv2.CascadeClassifier(
    '../data/haarcascades/haarcascade_frontalface_default.xml'
)
faces = face_cascade.detectMultiScale(img)
for (x, y, w, h) in faces:
    img = cv2.rectangle(img, (x, y), (x + w, y + h), (255, 0, 0), 2)
```

```
        gray = cv2.cvtColor(img, cv2.COLOR_BGR2GRAY)
        #人脸区域剪切
        roi = gray[y: y + h,x: x + w]
        try:
            roi = cv2.resize(roi, (200, 200), interpolation=cv2.INTER_LINEAR)
            #识别
            params = recognizer.predict(roi)
            print("Label: %s, Confidence: %.2f" % (params[0], params[1]))
            cv2.putText(
                img,
                names[params[0]],
                (x, y - 20),
                cv2.FONT_HERSHEY_SIMPLEX,
                1,
                255,
                2
            )
        except:
            continue
    cv2.imshow("result", img)
    cv2.waitKey(0)
    cv2.destroyAllWindows()
```

下面对代码进行分析。首先使用 EigenFaceRecognizer_create()函数初始化识别器对象，并通过 read()函数读取【例 8.3】训练好的模型文件 faceModel.xml。识别器准备好后，读取待识别文件，定位图像中的所有的人脸位置并剪切下来。然后通过 predict()函数依次对剪切下来的人脸图像进行识别，并标注识别结果。代码运行结果如图 8.12 所示。

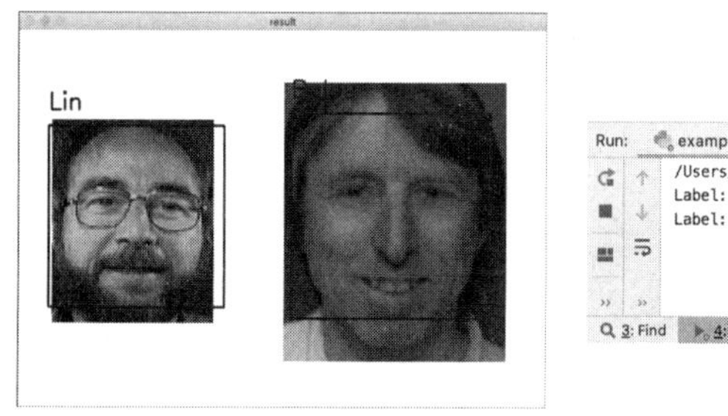

（a）识别结果

（b）输出匹配结果标签和置信度

图 8.12 【例 8.4】运行结果

8.3 编程实现

人脸识别门禁系统的实现分为 3 个步骤，分别为样本采集、训练识别器和人脸识别门禁控制。

1. 样本采集

本任务数据集采用了 ORL 人脸数据库。ORL 数据库包含了 40 个人，每人 10 张人脸图像。每个人的图像采集了其在不同时间、不同光照、不同表情、不同人脸细节的面部形态，且都保持正面竖直，同时可能有轻微转向。这与门禁系统采集到的人脸图像相似。ORL 数据集的每个人的图像放在单独的文件夹中，从 001 开始命名，每个文件夹中的图像从 01 到 10 进行命名。按照同样的命名方式，本任务首先通过程序将新采集的人脸样本加入到数据集中。样本采集程序文件为 capture.py，代码如下。

```
import cv2,os,sys

def makeNewDir(path):
    """
    创建新文件夹
    :param path:创建新文件夹的上级目录
    :return:返回创建的新目录
    """
    newSubDirName = ''
    newPath = path
    for dirname, dirnames, filenames in os.walk(path):
        maxSubDir = '000'
        for subdirname in dirnames:
            if int(subdirname) > int(maxSubDir):
                maxSubDir = subdirname
        newSubDirName = str(int(maxSubDir) + 1).zfill(3)
```

```
            newPath = os.path.join(dirname, newSubDirName)
            break
        os.makedirs(newPath)
        return newPath

    def saveImg(path,img,sz=None):
        """
        保存人脸样本
        :param path:数据集文件夹
        :param img:要保持的图像
        :param sz:是否调整尺寸为200*200
        """
        maxFileNbr = '00'
        newFileName = ''
        #遍历文件名
        for filename in os.listdir(path):
            print(filename)
            filename = filename[0:-4]
            if int(filename)>int(maxFileNbr):
                maxFileNbr = filename
        newFileName = str(int(maxFileNbr) + 1).zfill(2)+'.png'
        newPath = os.path.join(path, newFileName)
        if sz is not None:
            img = cv2.resize(img, (200, 200))
        cv2.imwrite(newPath,img)


    def captureImg(path):
        count = 0
        face_cascade = cv2.CascadeClassifier('../data/haarcascades/
haarcascade_frontalface_default.xml')
        camera = cv2.VideoCapture(0)
        while (True):
            ret, frame = camera.read()
            cv2.putText(frame, "Print c to save face,print esc to quit", (100,
100), cv2.FONT_HERSHEY_SIMPLEX, 1, 255, 2)
```

```
            cv2.putText(frame, "saved " + str(count), (100, 150),
cv2.FONT_HERSHEY_SIMPLEX, 1, 255, 2)
            gray = cv2.cvtColor(frame, cv2.COLOR_BGR2GRAY)
            # 检测人脸
            faces = face_cascade.detectMultiScale(gray)
            if len(faces):
                #取第一个人脸
                x,y,w,h = faces[0]
                cv2.rectangle(frame, (x, y), (x + w, y + h), (0, 255, 0), 2)
            cv2.imshow('camera', frame)
            if cv2.waitKey(1) == ord('c'):
                # 人脸区域剪切
                roi = gray[y: y + h, x: x + w]
                saveImg(path,roi,1)
                count+=1

            if cv2.waitKey(1) == 27:
                break
        camera.release()
        cv2.destroyAllWindows()

    # 通过人脸检测采集人脸样本，按下c键保存人脸样本，按下esc键退出采集
    # 使用ORL人脸数据集
    #
    if __name__ == "__main__":

        newpath = makeNewDir("dataset")
        captureImg(newpath)
```

下面对代码进行分析。采样的过程基于视频流实时人脸检测来实现。首先在数据集文件夹下创建一个新文件夹，然后打开摄像头，从摄像头获取的每一帧中识别人脸区域，并通过按键的方式触发人脸区域的裁剪和保存，保存路径为新创建的文件夹。运行代码，样本采集过程中的效果如图 8.13 所示。

多次按 c 键后，按下 esc 键退出，再查看数据集文件夹，发现其下多了一个文件夹，其中存放了刚刚采集到的人脸样本，如图 8.14 所示。

图 8.13 样本采集过程中的效果

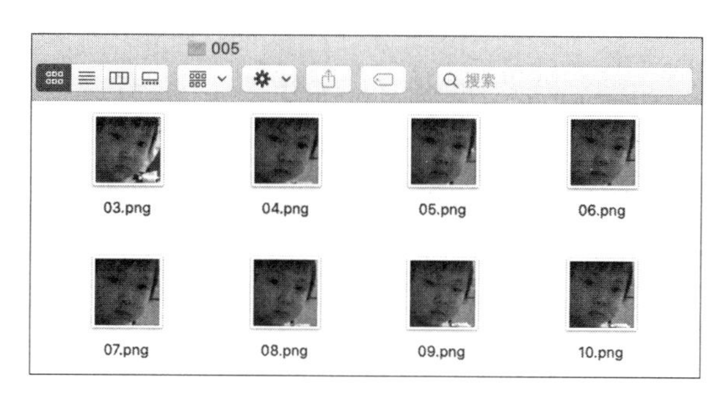

图 8.14 新样本采集结果

2. 训练识别器

新建训练识别器程序文件 train.py。编写代码如下。

```
import cv2, os, sys
import numpy as np

def readDataSet(path, sz=None):
    """
    读取数据集数据
    :param path:数据集文件夹
    :param sz:是否调整尺寸
    :return:返回训练图像序列和身份标签序列 X,y
```

```
    """
    c = 0
    X,y = [], []
    for dirname, dirnames, filenames in os.walk(path):
        for subdirname in dirnames:
            subject_path = os.path.join(dirname,
subdirname)# ./data/at/*
            for filename in os.listdir(subject_path):
                try:
                    if not filename.endswith('.png'):
                        continue
                    filepath = os.path.join(subject_path, filename)
                    im = cv2.imread(filepath, cv2.IMREAD_GRAYSCALE)
                    if sz is not None:
                        im = cv2.resize(im, (200, 200))
                    X.append(np.asarray(im, dtype=np.uint8))
                    y.append(c)
                except:
                    print("Unexpected error:", sys.exc_info()[0])
            c = c + 1
    return [X, y]

def trainEigenFaceRecognizer(path):
    """
    训练EigenFaceRecognizer模型
    :param path:数据集文件夹路径
    """
    [X, y] = readDataSet(path,1)
    y = np.asarray(y, dtype=np.int32)
    recognizer = cv2.face.EigenFaceRecognizer_create()
    recognizer.train(np.asarray(X), np.asarray(y))
    recognizer.write("faceModel.xml")

# 通过特征脸方法训练识别模型
if __name__ == "__main__":
    trainEigenFaceRecognizer('dataset')
```

下面对代码进行分析。该部分代码的逻辑和前面训练案例【例 8.3】的逻辑是一样的，训练完成后，在同级目录中会出现一个名为 faceModel.xml 的文件。

3. 人脸识别门禁控制

使用训练好的识别器模型进行人脸识别，如果能够识别，则控制开门，否则，提示未识别。新建人脸识别程序文件 recognize.py，编写代码如下。

```
import cv2,os

def getNameList(path):
    """
    获取身份序列
    :param path:数据集路径
    :return:
    """
    for dirname, dirnames, filenames in os.walk(path):
        return dirnames

def recognize(path):
    """
    识别
    :param path: 数据集文件夹路径
    """
    names = getNameList(path)

    recognizer = cv2.face.EigenFaceRecognizer_create()
    recognizer.read('faceModel.xml')
    face_cascade = cv2.CascadeClassifier('../data/haarcascades/
haarcascade_frontalface_default.xml')
    camera = cv2.VideoCapture(0)
    while (True):
        ret, frame = camera.read()
        #人脸检测
        faces = face_cascade.detectMultiScale(frame)
        for (x, y, w, h) in faces:
```

```
                img = cv2.rectangle(frame, (x, y), (x + w, y + h), (0, 255,
0), 2)
                gray = cv2.cvtColor(frame, cv2.COLOR_BGR2GRAY)
                 #人脸区域剪切
                roi = gray[y: y + h,x: x + w]
                try:
                    roi = cv2.resize(roi, (200, 200), interpolation=cv2.
INTER_LINEAR)
                    #识别
                    params = recognizer.predict(roi)
                    print("Label: %s, Confidence: %.2f" % (params[0],
params[1]))
                    #根据执行度判断是否被识别
                    if params[1]<7000:
                        cv2.putText(img, names[params[0]]+" open door", (x,
y - 20), cv2.FONT_HERSHEY_SIMPLEX, 1,(0,255,0), 2)
                    else:
                        cv2.putText(img, "unrecognized", (x, y - 20),
cv2.FONT_HERSHEY_SIMPLEX, 1, (0,255,0), 2)

                except:
                    continue
            cv2.imshow('result', frame)
            if cv2.waitKey(1) == 27:
                break
        camera.release()
        cv2.destroyAllWindows()

    # 通过特征脸模型识别视频流中人脸目标
    # 设置合适的置信度阈值，判断是否属于门禁系统采集到的人脸
    #
    if __name__ == "__main__":
        recognize("dataset")
```

下面对代码进行分析。此处与前面的案例【例 8.4】不同，【例 8.4】是对静态图像做识别，这里需要对视频流做实时识别。打开摄像头后，采集每一帧进行识别。此处为了

判断是否属于数据集中的人类分类，对识别的置信度参数做了阈值分割，当小于阈值时认为正确识别，否则视为未识别。

识别的效果如图 8.15 所示。

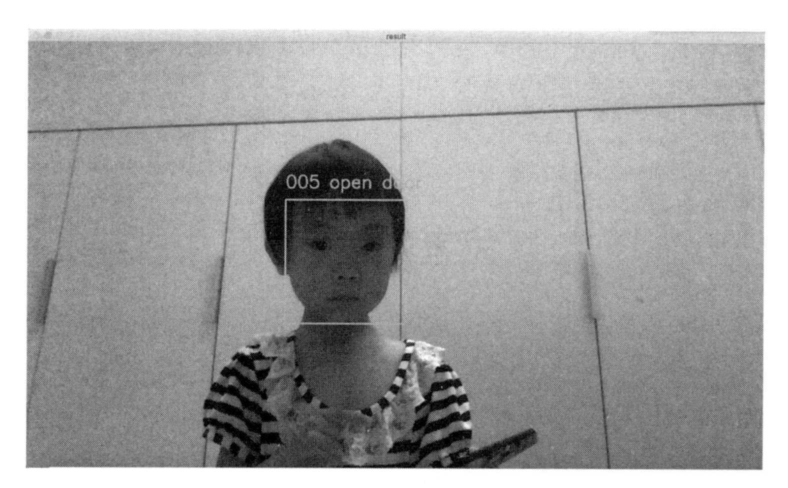

图 8.15　人脸识别效果

任务总结

- ✓ 人脸识别是基于人的脸部特征信息进行身份识别的一种生物识别技术。该技术能够从被摄像机或摄像头采集到的含有人脸的图像或视频流中检测到人脸位置，进而达到识别人脸身份的目的。
- ✓ 人脸检测是指对于任意一幅给定的图像，采用一定的策略对其进行搜索，以确定其中是否含有人脸，如果是则返回脸的位置、大小和姿态等信息。
- ✓ ORL 人脸数据库由剑桥大学 AT&T 实验室创建，包含 40 个人共 400 张面部图像，部分志愿者的图像包括了姿态、表情和面部饰物的变化。
- ✓ Haar 分类器使用的特征是 Haar-like 特征。Haar-like 特征是一类反映图像灰度变化的特征，可分为边界特征、线特征、中心特征和对角特征等类型。

- 级联分类器是将多个简单分类器按照一定的顺序连接起来，形成多尺度的分类模型。
- OpenCV 提供了对 3 种人脸识别器的支持，即特征脸（Eigenfaces）方法、局部二值模式（LBP）方法和费舍尔脸（Fisherfaces）方法。

思考和拓展

1. 尝试采集不同人的人脸样本，测试识别的准确率。
2. 尝试调整识别置信度，提升识别准确率。

第 9 章

基于深度学习的目标检测

任务背景

让机器获得“看”的能力，识别周围环境中的目标类型、位置和数量，是计算机视觉领域要解决的基本任务之一。具有这一能力的机器，如自动驾驶汽车、行走机器人等，能够实时发现周围环境中的各种目标对象，并加以区别对待，完成自动路况分析、自动行为决策等行为。那么这些机器是如何发现目标并识别的呢？本章将介绍如何使用深度学习方法来实现目标检测。

学习重点

➢ 目标检测

➢ 深度学习

➢ dnn 模块的使用

任务单

9.1 学习目标检测的基础知识

9.2 明确任务原理

9.3 编程实现

9.1 目标检测的基础知识

目标检测技术赋予机器“看”的能力，使机器能够获取周围环境中的目标类型、位置和数量等信息，是计算机视觉领域的基本任务之一。

9.1.1 目标检测的概念

计算机视觉的基本任务可以划分为三大类，即图像识别、图像跟踪和图像理解。目标检测是图像跟踪的子任务，其任务是在给定的图像或视频帧中，找出所有感兴趣的目标，并确定具体类别和位置。计算机视觉基本任务的划分如表 9.1 所示。

表 9.1 计算机视觉基本任务的划分

任务大类	子任务	任务描述
图像识别	图像分类	对图像进行分类
图像跟踪	目标检测	检测出图像中的目标类型和位置
	目标跟踪	跟踪视频中特定目标的移动轨迹
图像理解	语义分割	从图像中识别并分割出目标群体
	实例分割	从图像中识别并分割出目标个体

从表 9.1 中可以看出，计算机视觉的基本任务是层层递进的，目标检测提供了一种基础能力，准确检测到目标的类型和位置，对于精确目标分割等任务具有重要意义。图像分类、目标检测和图像理解的处理效果如图 9.1 所示。

随着目标检测技术的发展，目标跟踪技术被广泛应用于自动驾驶汽车、机器人导航、智能监控、工业检测等诸多领域。然而，目标检测的准确性往往受到目标姿态变化、目标遮挡、场景多样化等因素的影响，在当前仍然是一项非常有挑战性的任务，具有很大的提升潜力和空间。

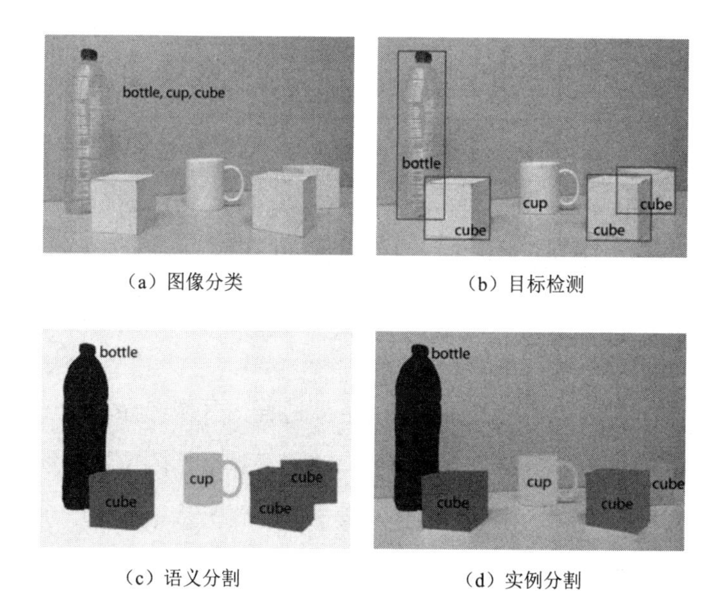

（a）图像分类　　（b）目标检测

（c）语义分割　　（d）实例分割

图 9.1　图像分类、目标检测和图像理解的处理效果

9.1.2　目标检测的方法

目标检测的方法可以分为传统机器学习方法和深度学习方法，二者的检测过程如图 9.2 所示。

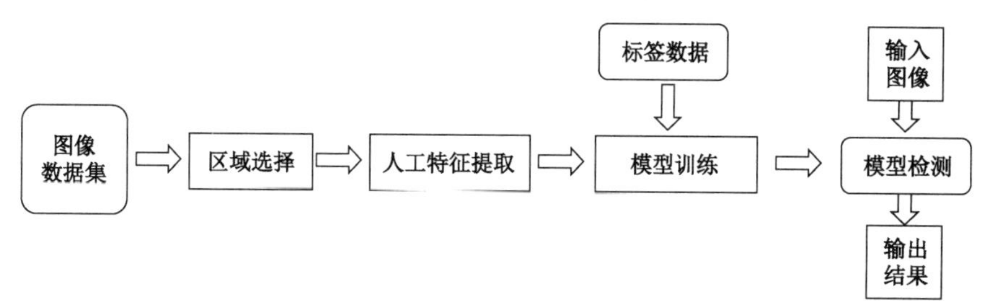

（a）传统机器学习方法

图 9.2　传统机器学习方法与深度学习方法的检测过程

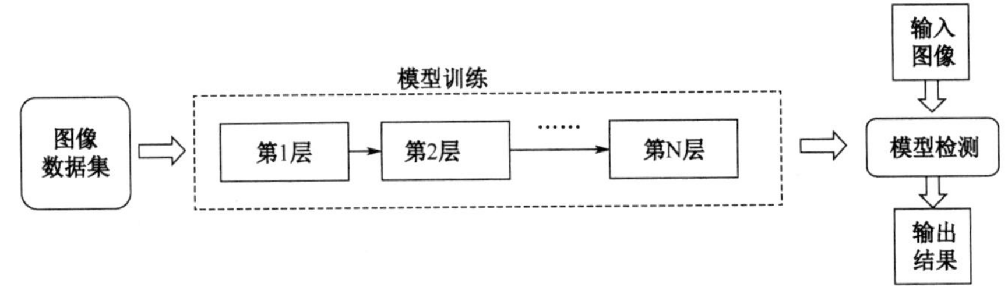

（b）深度学习方法

图 9.2　传统机器学习方法与深度学习方法的检测过程（续）

1. 传统机器学习方法

采用传统机器学习方法进行目标检测的主要过程为区域选择、人工特征提取和模型检测。首先对目标的位置进行定位，找到所有感兴趣的目标的位置；然后根据目标特性人工设计特征，提取特征的好坏对检测的结果影响非常大；最后使用机器学习算法对提取的特征进行模型训练，进而对新图像进行目标检测，常用的算法有 SVM、AdaBoost 等。传统机器学习的方法很多，但缺陷也很明显，即对特征提取的依赖性太强进而导致泛化能力差，适应性不强。

2. 深度学习方法

自从 2006 年，杰弗里・辛顿（Geoff Hinton）提出深度学习（Deep Learning，DL）的概念，深度学习开始在实际应用中大放异彩，也被成功应用于目标检测的任务中，是目前主流的目标检测技术。

基于深度学习的目标检测方法是一种“端到端”的检测方法，即不需要区域选择、人工特征的设计和提取等环节，而是直接将图像输入深度神经网络模型中，就能得到检测结果。采用深度学习方法进行目标检测的主要过程如下。

（1）准备数据集。

数据在视觉任务中起到的作用越来越明显。在图像领域，ImageNet 是最权威的图像数据集。完整的 ImageNet 包含 1 400 多万幅图像，1 000 多个类别，涵盖了 2 万多个类别标注和超过百万的边界框标注，可用于图像识别、目标检测等场景的模型训练。基于 ImageNet 的大规模视觉识别挑战赛（ImageNet Large Scale Visual Recognition Challenge，ILSVRC）吸引了无数算法团队在该数据平台上刷新识别成绩，在计算机视觉领域具有重要意义。其他常用数据集还有 COCO、PASCAL VOC 等。其中 COCO 数据集包含 91 类目标分类，每个图像中都有位置标注，被大量用于目标检测的模型训练；PASCAL VOC 的常用版本为 VOC2007 和 VOC2012，其中 VOC2012 包含 20 个类别，包括背景类在内为 21 个类别，涵盖了人、常见动物、交通车辆、家具用品等目标，可用于图像分类、目标检测、图像分割等场景。

（2）模型训练。

基于深度学习的目标检测技术的关键是模型训练，选择不同的神经网络模型训练出来的模型的检测精度会有所区别。图像领域具有代表性的神经网络模型有 AlexNet、VGG、GoogleNet、ResNet、MobileNet 等，可用于搭建深度神经网络模型的深度学习框架数量众多，其中影响力比较大的有 PyTorch、TensorFlow、MXNet、CNTK、Deeplearning4j、Caffe、PaddlePaddle、Keras、Torch、Theano 等。

本次任务用到了 GoogleNet 和 MobileNet 神经网络模型生成的模型文件。GoogleNet 是 2014 年由克里斯蒂娜·塞格迪（Christian Szegedy）提出的一种全新的深度神经网络模型。该模型提出了一种新思路以增强卷积模块的功能，并于 2014 年在 ImageNet 的 ILSVRC 大赛中斩获冠军。MobileNet 是 Google 为移动端和嵌入式端深度学习应用设计的轻量级神经网络模型。前面提到的 AlexNet、VGG、GoogleNet、ResNet 等深度神经网络模型在实际应用中会占用大量内存，无法应用在手机等内存小的移动设备上，这在移动互联网时代是非常不利的。MobileNet 是一种计算复杂度更低、训练参数更少的神经网络模型，可以直接部署在算力较低的移动设备上，相较于传统深度神经网络模型，具有更高的实用价值和应用前景。

模型训练结束后，可以将模型的配置参数、权重和偏置等状态信息保存为模型文件，移植到不具备训练能力的环境中，用于新图像的检测。模型训练对算力、内存等基础设施的要求很高，在不具备训练条件的情况下，可以直接下载已经训练好的模型文件，如

GoogleNet 的 bvlc_googlenet.caffemodel、MobileNet 的 MobileNetSSD_deploy.caffemodel 等。

（3）目标检测。

训练得到模型文件后，就可以用于检测新图像。通过 OpenCV 等支持深度学习网络构建的工具加载后，模型文件可以重构网络结构和权重等状态，而不需要重新训练。图像检测的结果与数据集和算法模型相关，采用的数据集越完整、算法越优秀，得到的结果的准确度越高。

9.2 任务内容

9.2.1 任务分析

深度学习的发展大大提升了目标检测的准确度，使得目标检测技术在智能安防领域得到大量使用，如赋予监控摄像头目标检测的能力，检测高等级安防区域是否有非法入侵者、校园是否出现携带危险物品的可疑人物等，具有很高的实用价值。本次任务将基于深度学习目标检测技术，实现简易的入侵警示系统。

由于目标检测的深度学习算法已经发展得比较成熟，本次任务将跳过模型训练的环节，直接采用已经训练好的基于 MobileNet 的模型文件，模型文件可从本书提供的配套资源中获取。OpenCV 的 dnn 模块提供了方便的模型载入功能，基于 OpenCV 实现目标检测功能可以简化开发步骤，大大提升编码效率。

9.2.2 任务过程分解

入侵警示系统的开发主要有 4 个步骤：加载模型文件；初始化摄像头；入侵者检测；可视化处理，如图 9.3 所示。首先通过 OpenCV 的 dnn 模块加载目标识别的模型文件，创建模型对象。然后初始化摄像头，并循环地从摄像头采集图像帧。采集到的图像帧被输入网络对象进行检测，当检测到可疑人物出现，则发出警示信号，同时将可疑目标的位置信息显示出来，即进行可视化处理。

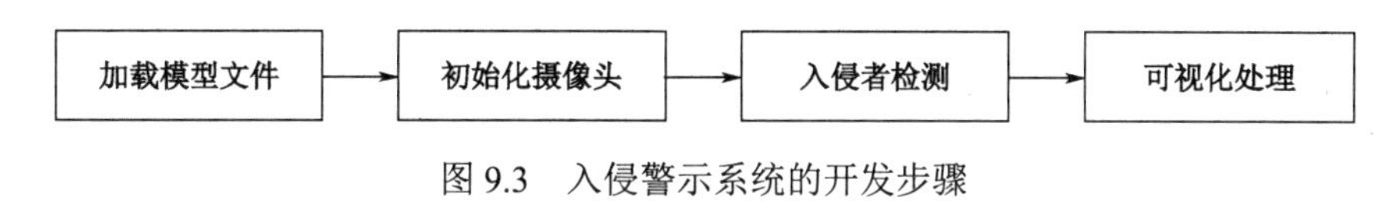

图 9.3 入侵警示系统的开发步骤

9.2.3 函数语法

在深度学习的支持方面，OpenCV 集成了 dnn 模块，支持加载主流深度学习框架生成的模型文件，用以实现图像分类、目标检测、语义分割等功能。OpenCV 支持的模型生成框架主要有 Caffe、TensorFlow、Torch/PyTorch 等，测试和验证过的网络结构包括 AlexNet、GoogleNet、ResNet、SqueezeNet、VGG-based FCN、ENet、VGG-based SSD、MobileNet-based SSD 等，其中 VGG-based SSD 和 MobileNet-based SSD 都是目标检测领域的经典网络结构。所以如果要在 OpenCV 项目中融入深度学习模型，可以先用以上框架训练好模型文件，再使用 OpenCV 的 dnn 模块载入。

使用 dnn 实现目标检测的主要步骤如下。

（1）准备模型文件。

使用 dnn 实现检测任务的第 1 步是准备好模型文件。除了自己构建深度神经网络模型，训练生成模型文件外，还可以通过网络下载现成的模型文件。本次任务使用了 2 套模型文件，均由 Caffe 训练生成，分别用于图像分类和目标检测，具体描述如表 9.2 所示。

表 9.2 图像分类和目标检测的模型文件

应用场景	模型文件	描述
图像分类	模型文件：bvlc_googlenet.caffemodel 配置文件：bvlc_googlenet.prototxt 标签文件：synset_words.txt	基于 ImageNet 数据集和 GoogleNet 网络模型训练生成的图像分类模型文件，支持 1 000 种常见图像分类

续表

应用场景	模型文件	描述
目标检测	模型文件：MobileNetSSD_deploy.caffemodel 配置文件：MobileNetSSD_deploy.prototxt	基于 PASCAL-VOC2012 图像数据集和轻量级卷积神经网络 MobileNet 生成的目标检测模型文件，支持 20 种目标物体的检测

以上每套模型文件都有后缀为.caffemodel 和.prototxt 的文件。其中，前者是模型文件，存储了权重和偏置等信息；后者是配置文件，存储了训练网络的结构信息。图像分类的模型文件中还有一个 synset_words.txt 文件，存储了 1 000 个分类的标签信息。

（2）加载模型。

准备好模型文件后，通过 dnn 模块的 readNet 系列函数载入模型。dnn 模块可以加载由 Caffe、TensorFlow、Torch/PyTorch 等主流训练框架生成的模型。不同训练框架的载入函数如表 9.3 所示。

表 9.3　深度学习训练框架和模型载入函数

训练框架	模型载入函数
Caffe	cv2.dnn.readNetFromCaffe()
TensorFlow	cv2.dnn.readNetFromTensorflow()
Torch/PyTorch	cv2.dnn.readNetFromTorch()
Darknet	cv2.dnn.readNetFromDarknet()

以 Caffe 框架为例，载入函数的语法格式如下。

```
readNetFromCaffe(prototxt[, caffeModel]) -> retval
```

其中，prototxt 是后缀为.prototxt 的配置文件路径；caffeModel 是后缀为.caffemodel 的模型文件路径；retval 是模型对象。

使用 readNetFromCaffe()函数载入图像分类模型的示例语句如下。

```
net = cv2.dnn.readNetFromCaffe(
    "bvlc_googlenet.prototxt",
    "bvlc_googlenet.caffemodel"
)
```

（3）检测。

载入模型后，就可以对新图像进行分类、检测等操作了。dnn 模块提供了 blobFromImage()函数将输入的图像转换为与模型对应的格式。采用不同深度学习算法的模型，对输入图像的要求也有所区别，具体采用什么格式可以参考各个模型的具体说明。blobFromImage()函数的语法格式如下。

```
blobFromImage(
    image[, scalefactor[, size[, mean[, swapRB[, crop]]]]]
) -> retval
```

其中，image 是输入图像，其他都是可选参数。可选参数中，mean 是整体像素减去的平均值；scalefactor 是标度因子；size 是缩放尺寸；swapRB 表示是否交换 R 和 G 通道；crop 表示是否剪裁。

将输入图像转换格式后，使用模型对象的 setInput()函数输入转换后的图像数据，再通过 forward()函数进行预测，返回的对象包含了图像类别信息、置信度分数、坐标位置等信息。对新图像进行预测的示例代码如下。

```
img = cv2.imread("img.jpg")
blob = cv2.dnn.blobFromImage(img, 1, (224, 224), (104, 117, 123))
net.setInput(blob)
preds = net.forward()
```

【例 9.1】使用 OpenCV 的 dnn 模块进行图像分类，并输出分类信息。代码如下。

```
import numpy as np
import cv2

# 解析标签文件
row = open("../data/model1/synset_words.txt").read().strip().
split("\n")
class_label = [r[r.find(" "):].split(",")[0] for r in row]

# 载入Caffe所需的配置文件
net = cv2.dnn.readNetFromCaffe("../data/model1/bvlc_
googlenet.prototxt", "../data/model1/bvlc_googlenet.caffemodel")
```

```
# 新图像识别分类
img = cv2.imread("../data/images/0.jpg")
#转换格式
blob = cv2.dnn.blobFromImage(img, 1, (224, 224), (104, 117, 123))
# 加载图像
net.setInput(blob)
#预测
preds = net.forward()
# 排序，取概率最大的结果
idx = np.argsort(preds[0])[-1]
#可视化处理，显示图像类别、置信度等信息
text = "label: {}-{:.2f}%".format(class_label[idx], preds[0][idx]
*100)
cv2.putText(img, text, (5, 25), cv2.FONT_HERSHEY_SIMPLEX, 0.7, (0, 255,
0))
cv2.imshow("result",img)
cv2.imwrite("result.jpg",img)
cv2.waitKey(0)
```

下面对代码进行分析。首先对标签文件 synset_words.txt 进行解析，获取到长度为 1 000 的类别名称序列 class_label；然后通过 readNetFromCaffe()函数载入准备好的配置文件和模型文件，创建模型对象；接下来对新输入的图像进行格式转换和预测，此处将图像转换为 224×224 的新尺寸，并分别对 3 个通道进行减均值操作，减去的平均值分别为 104、117 和 123；最后根据预测结果，找到置信度最大的类别进行显示。针对多幅输入图像的运行结果如图 9.4 所示。

图 9.4 【例 9.1】运行结果

9.3 编程实现

本章的任务是实现简单的入侵警示系统，主要过程为：首先通过 OpenCV 的 dnn 模块加载基于 MobileNet 网络模型的目标检测模型文件 MobileNetSSD_deploy.caffemodel 和配置文件 MobileNetSSD_deploy.prototxt；然后对视频帧进行检测，当检测到可疑人物出现时，发出警示信号，同时将可疑目标的位置信息显示出来。全部代码如下。

```
import numpy as np
import cv2

def prepareDataSet():
    """
    准备数据集
    :return:
    """
    args = {}
    args["prototxt"] = "../data/model2/MobileNetSSD_deploy.prototxt"
    args["model"] = "../data/model2/MobileNetSSD_deploy.caffemodel"
    return args

def createNet():
    """
    构建网络模型对象
    :return:模型对象
    """
    args = prepareDataSet()
    # load our serialized model2 from disk
    print("[INFO] loading model2...")
    net = cv2.dnn.readNetFromCaffe(args["prototxt"], args["model"])
    return net

# 通过摄像头监控环境目标
```

```
    # 采用OpenCV的dnn模块完成
    if __name__ == "__main__":
        # 定义类别名称序列
        CLASSES = ["background", "aeroplane", "bicycle", "bird", "boat",
                   "bottle", "bus", "car", "cat", "chair", "cow",
"diningtable",
                   "dog", "horse", "motorbike", "person", "pottedplant",
"sheep",
                   "sofa", "train", "tvmonitor"]
        # 定义边框颜色序列
        COLORS = np.random.uniform(0, 255, size=(len(CLASSES), 3))
        # 打开摄像头
        camera = cv2.VideoCapture(0)
        #构建网络模型
        net = createNet()
        while (True):
            ret, frame = camera.read()
            (h, w) = frame.shape[:2]
            blob = cv2.dnn.blobFromImage(cv2.resize(frame, (300, 300)),
0.007843, (300, 300), 127.5)
            net.setInput(blob)
            detections = net.forward()
            # 遍历结果
            for i in np.arange(0, detections.shape[2]):
                # 获得置信度
                confidence = detections[0, 0, i, 2]
                # 根据置信度阈值过滤执行度
                if confidence > 0.2:
                    # 根据最大置信度获取类别下标
                    idx = int(detections[0, 0, i, 1])
                    # 获取位置信息
                    box = detections[0, 0, i, 3:7] * np.array([w, h, w, h])
                    (startX, startY, endX, endY) = box.astype("int")
                    # 显示类别信息和位置边框
                    label = "{}: {:.2f}%".format(CLASSES[idx], confidence *
100)
                    print("[INFO] {}".format(label))
```

```
                cv2.rectangle(frame, (startX, startY), (endX, endY),
COLORS[idx], 2)
                y = startY - 15 if startY - 15 > 15 else startY + 15
                cv2.putText(frame, label, (startX, y),
                        cv2.FONT_HERSHEY_SIMPLEX, 0.5, COLORS[idx],
2)

                if CLASSES[idx]=="person":
                    print("raise the alarm")

            cv2.imshow('result', frame)
            # 按下esc键退出
            if cv2.waitKey(1) == 27:
                break
        camera.release()
        cv2.destroyAllWindows()
```

下面对代码进行分析。代码用于监控设备，检测视野中的各类目标，发现有人类目标时，会进行报警。代码中定义了 prepareDataSet()和 createNet()函数，分别用于准备数据和创建模型对象。完成这两步后，又定义了 CLASSES 序列和 COLORS 序列，分别用于存储类别名称序列和方框颜色。之后，使用 cv2.VideoCapture(0)初始化摄像头，逐帧输入到模型对象中进行检测，并框住检测到的目标。在检测过程中，如果遇到 person 类别的目标，安防系统将发出警报，此处使用 print("raise the alarm")代替。

运行代码后，摄像头将被启动并实时地检测视频画面中的目标物体。运行效果如图 9.5 所示，其中左边是输出的信息，右边为视频画面。

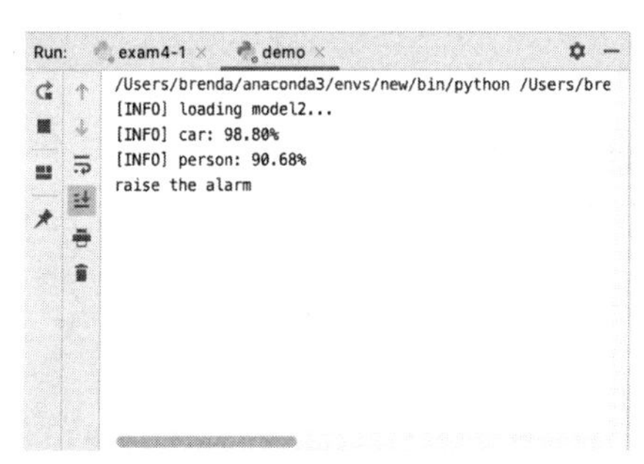

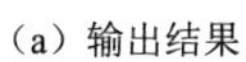
（a）输出结果

（b）检测视频画面

图 9.5　摄像头实时检测效果

任务总结

✓ 目标检测技术赋予机器"看"的能力，使机器能够获取周围环境中的目标类型、位置和数量等信息，是计算机视觉领域的基础任务之一。

✓ 计算机视觉的基本任务可以划分为三大类：图像识别、图像跟踪和图像理解。

✓ 目标检测的方法可以分为传统机器学习方法和基于深度学习的方法。传统机器学习方法的主要过程为区域选择、人工特征提取和检测。基于深度学习的目标检测方法是一种"端到端"的检测方法，即不需要区域选择、人工特征的设计和提取等环节，而是直接将图像输入深度神经网络模型中，就能得到检测结果。

✓ 图像领域具有代表性的网络结构有 AlexNet、VGG、GoogleNet、ResNet 等，可用于搭建深度神经网络的深度学习框架数量众多，其中影响力比较大的有 PyTorch、TensorFlow、MXNet、CNTK、Deeplearning4j、Caffe、PaddlePaddle、Keras、Torch、Theano 等。

✓ OpenCV 集成了 dnn 模块，用于加载主流的深度学习框架训练生成与导出的模型文件，用以实现图像分类、目标检测、语义分割等功能。

思考和拓展

1．修改现有代码，使其具备对动物示警的能力。

2．从网上下载 TensorFlow 的模型文件，尝试使用 OpenCV 的 dnn 模块进行加载和预测。

举报电话：（010）88254396；（010）88258888

传　　真：（010）88254397

E-mail：　dbqq@phei.com.cn

通信地址：北京市万寿路 173 信箱

　　　　　电子工业出版社总编办公室

邮　　编：100036